교육과정의 핵심역량 반영

완전타파 과정 중심

서술형 문제

김진호 · 이응석 · 지채영 · 여승현 지음

4학년 2학기

교육과학사

서술형 문제! 왜 필요한가?

과거에는 수학에서도 계산 방법을 외워 숫자를 계산 방법에 대입하여 답을 구하는 지식 암기 위주의 학습이 많았습니다. 그러나 국제 학업 성취도 평가인 PISA와 TIMSS의 평가 경향이 바뀌고 싱가폴을 비롯한 선진국의 교과교육과정과 우리나라 학교 교육과정이 개정되며 암기 위주에서 벗어나 창의성을 강조하는 방향으로 변경되고 있습니다. 평가 방법에서는 기존의 선다형 문제, 주관식 문제에서 벗어나 서술형 문제가 도입되었으며 갈수록 그 비중이 커지는 추세입니다. 자신이 단순히 알고 있는 것을 확인하는 것에서 벗어나 아는 것을 논리적으로 정리하고 표현하는 과정과 의사소통능력을 중요시하게 되었습니다. 즉, 앞으로는 중요한 창의적 문제 해결 능력과 개념을 논리적으로 설명하는 능력을 길러주기 위한 학습과 그에 대한 평가가 필요합니다.

이 책의 특징은 다음과 같습니다.

계산을 아무리 잘하고 정답을 잘 찾아내더라도 서술형 평가에서 요구하는 풀이과정과 수학적 논리성을 갖춘 문장구성능력이 미비할 경우에는 높은 점수를 기대하기 어렵습니다. 또한 문항을 우연히 맞추거나 개념이 정립되지 않고 애매하게 알고 있는 상태에서 운 좋게 맞추는 경우, 같은 내용이 다른 유형으로 출제되거나 서술형으로 출제되면 틀릴 가능성이 더 높습니다. 이것은 수학적 원리를 이해하지 못한 채 문제 풀이 방법만 외웠기 때문입니다. 이 책은 단지 문장을 서술하는 방법과 내용을 외우는 것이 아니라 문제를 해결하는 과정을 읽고 쓰며 논리적인 사고력을 기르도록 합니다. 즉, 이 책은 수학적 문제 해결 과정을 중심으로 서술형 문제를 연습하며 기본적인 수학적 개념을 바탕으로 사고력을 길러주기 위하여 만들게 되었습니다.

이 책의 구성은 이렇습니다.

이 책은 각 단원별로 중요한 개념을 바탕으로 크게 '기본 개념', '오류 유형', '연결성' 영역으로 구성되어 있으며 필요에 따라 각 영역이 가감되어 있고 마지막으로 '창의성' 영역이 포함되어 있습니다. 각각의 영역은 '개념쏙쏙', '첫걸음 가볍게!', '한 걸음 두 걸음!', '도전! 서술형!', '실전! 서술형!'의 다섯 부분으로 구성되어 있습니다. '개념쏙쏙'에서는 중요한 수학 개념 중에서 음영으로 된 부분을 따라 쓰며 중요한 것을 익히거나 빈칸으로 되어 있는 부분을 채워가며 개념을 익힐 수 있습니다. '첫걸음 가볍게!'에서는 앞에서 익힌 것을 빈칸으로 두어 학생 스스로 개념을 써보는 연습을 하고, 뒷부분으로 갈수록 빈칸이 많아져 문제를 해결하는 과정을 전체적으로 서술해보도록 합니다. '창의성' 영역은 단원에서 익힌 개념을 확장해보며 심화적 사고를 유도합니다. '나의 실력은' 영역은 단원 평가로 각 단원에서 학습한 개념을 서술형 문제로 해결해보도록 합니다.

이 책의 활용 방법은 다음과 같습니다.

이 책에 제시된 서술형 문제를 '개념쏙쏙', '첫걸음 가볍게!', '한 걸음 두 걸음!', '도전! 서술형!', '실전! 서술형!'의 단계별로 차근차근 따라가다 보면 각 단원에서 중요하게 여기는 개념을 중심으로 문제를 해결할 수 있습니다. 이 때 문제에서 중요한 해결 과정을 서술하는 방법을 익히도록 합니다. 각 단계별로 진행하며 앞에서 학습한 내용을 스스로 서술해보는 연습을 통해 문제 해결 과정을 익힙니다. 마지막으로 '나의 실력은' 영역을 해결해 보며 앞에서 학습한 내용을 점검해 보도록 합니다.

또다른 방법은 '나의 실력은' 영역을 먼저 해결해 보며 학생 자신이 서술할 수 있는 내용과 서술이 부족한 부분을 확인합니다. 그 다음에 자신이 부족한 부분을 위주로 공부를 시작하며 문제를 해결하기 위한 서술을 연습해보도록 합니다. 그리고 남은 부분을 해결하며 단원 전체를 학습하고 다시 한 번 '나의 실력은' 영역을 해결해 봅니다.

문제에 대한 채점은 이렇게 합니다.

서술형 문제를 해결한 뒤 채점할 때에는 채점 기준과 부분별 배점이 중요합니다. 문제 해결 과정을 바라보는 관점에 따라 문제의 채점 기준은 약간의 차이가 있을 수 있고 문항별로 만점이나 부분 점수, 감점을 받을 수 있으나 이 책의 서술형 문제에서 제시하는 핵심 내용을 포함한다면 좋은 점수를 얻을 수 있을 것입니다. 이에 이 책에서는 문항별 채점 기준을 따로 제시하지 않고 핵심 내용을 중심으로 문제 해결 과정을 서술한 모범 예시 답안을 작성하여 놓았습니다. 또한 채점을 할 때에 학부모님께서는 문제의 정답에만 집착하지 마시고 학생과 함께 문제에 대한 내용을 묻고 답해보며 학생이 이해한 내용에 대해 어떤 방법으로 서술했는지를 같이 확인해 보며 부족한 부분을 보완해 나간다면 더욱 좋을 것입니다.

이 책을 해결하며 문제에 나와 있는 숫자들의 단순 계산보다는 이해를 바탕으로 문제의 해결 과정을 서술하는 의사소통 능력을 키워 일반 학교에서의 서술형 문제에 대한 자신감을 키워나갈 수 있으면 좋겠습니다.

저자 일동

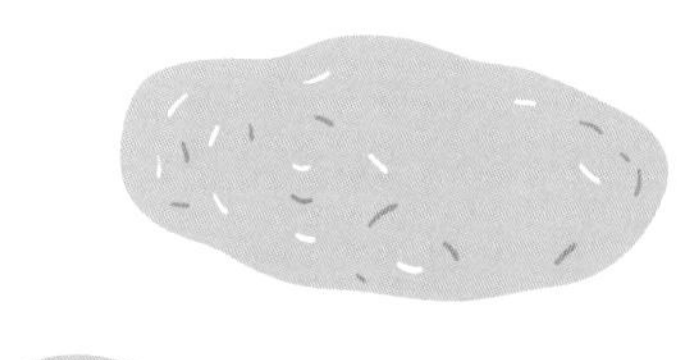

차례

4-2

1. 소수의 덧셈과 뺄셈

1. 소수의 덧셈과 뺄셈 (기본개념 1)

개념 쏙쏙!

흐리게 쓴 글자를 따라 쓰며 익혀봅시다.

민호는 아침에 우유 0.26L를 마시고 저녁에 0.23L를 마셨습니다. 오늘 아침과 저녁 중 언제 마신 우유의 양이 더 많은지 여러 가지 방법으로 비교하고 설명하시오.

1 그림으로 비교해 설명하여 봅시다.

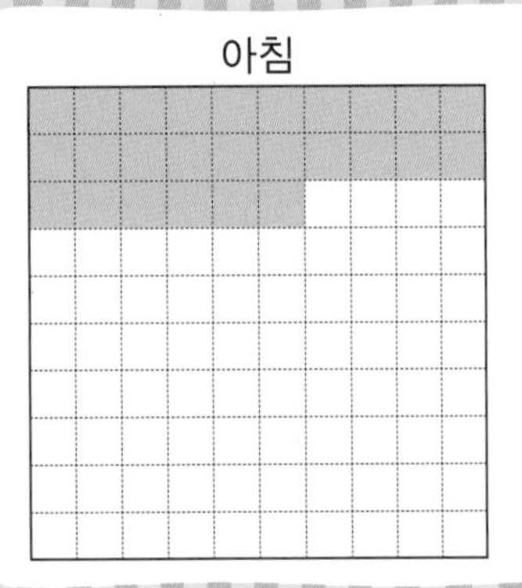

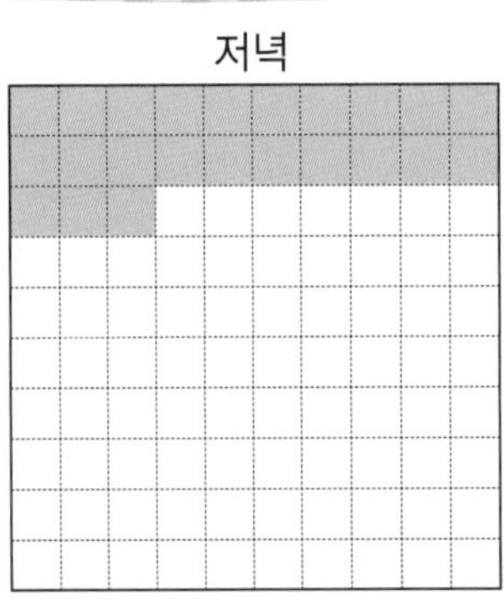

아침에 마신 우유의 양은 0.01이 26개이고 저녁에 마신 우유의 양은 0.01이 23개입니다. 그러므로 아침에 마신 우유의 양이 더 많습니다.

2 수직선으로 비교해 설명하여 봅시다.

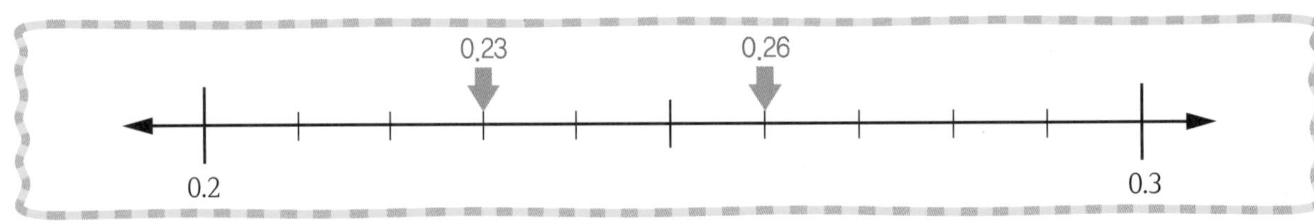

수직선에 나타내었을 때 0.26이 0.23보다 더 큽니다. 그러므로 아침에 마신 우유의 양이 더 많습니다.

3 각 자리 수를 통해 비교해 설명하여 봅시다.

자리 수	아침	저녁	비교
	0.26	0.23	
자연수 부분	0	0	자연수 부분은 같습니다.
소수 첫째 자리 수	2	2	소수 첫째 자리 수는 같습니다.
소수 둘째 자리 수	6	3	소수 둘째 자리 수는 0.26이 더 큽니다.

그러므로 아침에 마신 우유의 양이 더 많습니다.

정리해 볼까요?

0.26과 0.23의 크기 비교하기

0.26과 0.23의 자연수 부분은 0, 소수 첫째 자리 수는 2로 같지만 소수 둘째 자리 수는 0.26이 더 큽니다. 그러므로 아침에 마신 우유의 양이 더 많습니다.

첫걸음 가볍게!

태우는 마트에서 감자를 0.41kg을 샀고 당근을 0.43kg을 샀습니다. 감자와 당근 중 어느 것의 양이 더 많은지 여러 가지 방법으로 비교하고 설명하시오.

1 그림으로 비교해 설명하여 알아봅시다.

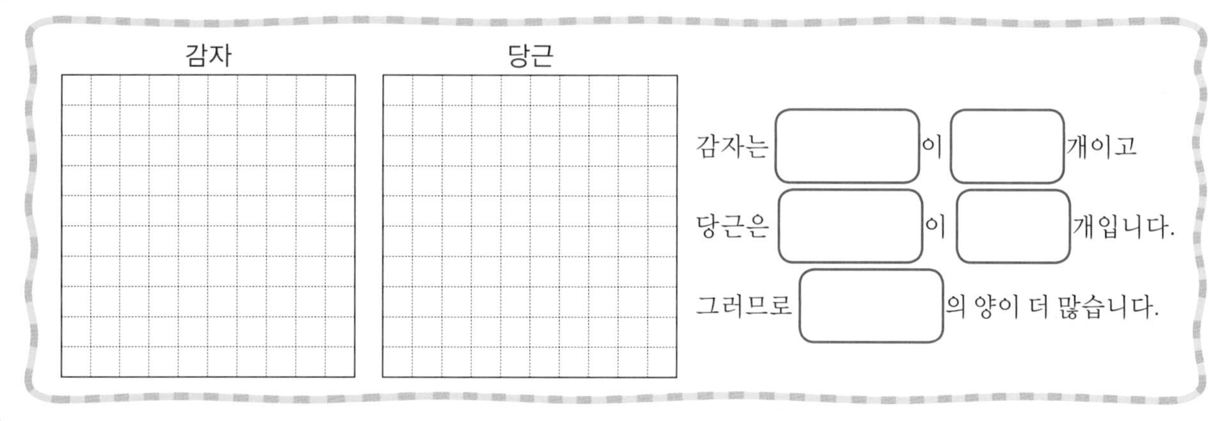

감자는 [ ]이 [ ]개이고
당근은 [ ]이 [ ]개입니다.
그러므로 [ ]의 양이 더 많습니다.

2 수직선으로 비교해 설명하여 알아봅시다.

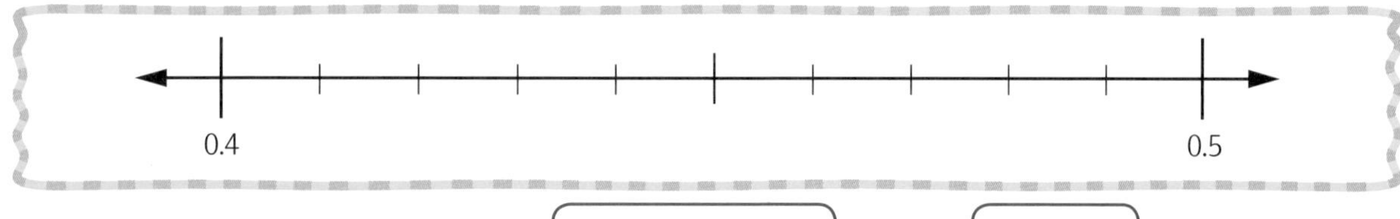

수직선에 나타내었을 때 0.41이 0.43보다 더 [ ]. 그러므로 [ ]의 양이 더 많습니다.

3 각 자리 수를 통해 비교해 설명하여 봅시다.

자리 수	감자	당근	비교
	0.41	0.43	
자연수 부분			자연수 부분은 [ ]
소수 첫째 자리 수			소수 첫째 자리 수는 [ ]
소수 둘째 자리 수			소수 둘째 자리 수는 0.41이 더 [ ]

그러므로 [ ]의 양이 더 많습니다.

4 감자와 당근 중 어느 것의 양이 더 많은지 비교하는 방법을 설명하여 봅시다.

0.41과 0.43의 [ ]은 [ ], [ ]는 [ ]로 같지만 [ ]는 0.41이 더 [ ]. 그러므로 [ ]의 양이 더 많습니다.

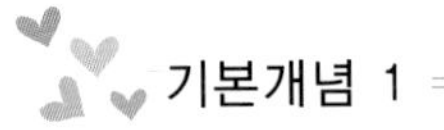

한 걸음 두 걸음!

학교에서 집까지 은미는 0.835km를 걸어가고, 영호는 0.838km를 걸어갑니다. 누가 더 많이 걸어가는지 여러 가지 방법으로 비교하고 설명하시오.

1 0.001이 몇 개 있는지 비교해 설명하여 봅시다.

두 사람이 걸어간 거리의 자연수 부분은 ______으로 _____기 때문에 ________________________를 비교하면 ________________________는 0.001이 _____개이고 ________________________는 0.001이 ______개입니다. 그러므로 ____.

2 수직선으로 비교해 설명하여 봅시다.

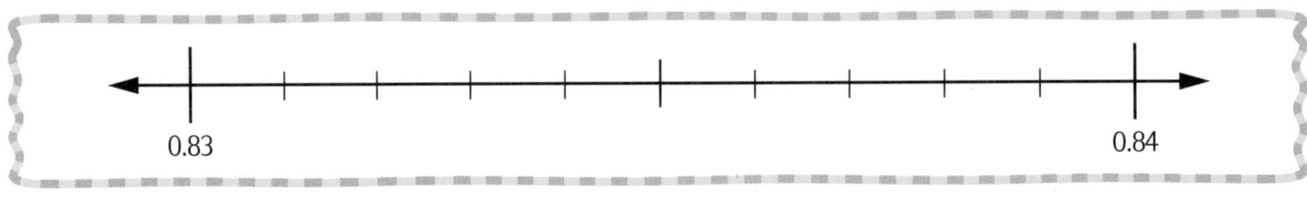

수직선에 나타내었을 때 0.835가 0.838보다 ____________________. 그러므로 ____________________

____.

3 각 자리 수를 통해 비교해 설명하여 봅시다.

자리 수	은미가 걸어간 거리	영호가 걸어간 거리	비교
	0.835	0.838	
자연수 부분			
소수 첫째 자리 수			
소수 둘째 자리 수			
소수 셋째 자리 수			

그러므로 ____________________________

4 누가 더 많이 걸어가는지 비교하는 방법을 설명하여 봅시다.

0.835와 0.838의 ____

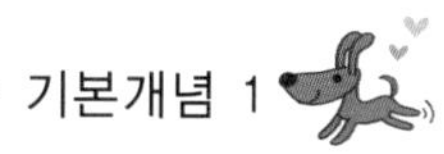

도전! 서술형!

혜미가 가지고 있는 검정색 테이프의 길이는 1.531m이고, 흰색 테이프의 길이는 1.526m입니다. 어느 색 테이프의 길이가 더 긴지 여러 가지 방법으로 비교하고 설명하시오.

1 0.001이 몇 개 있는지 비교해 설명하여 봅시다.

2 수직선으로 비교해 설명하여 봅시다.

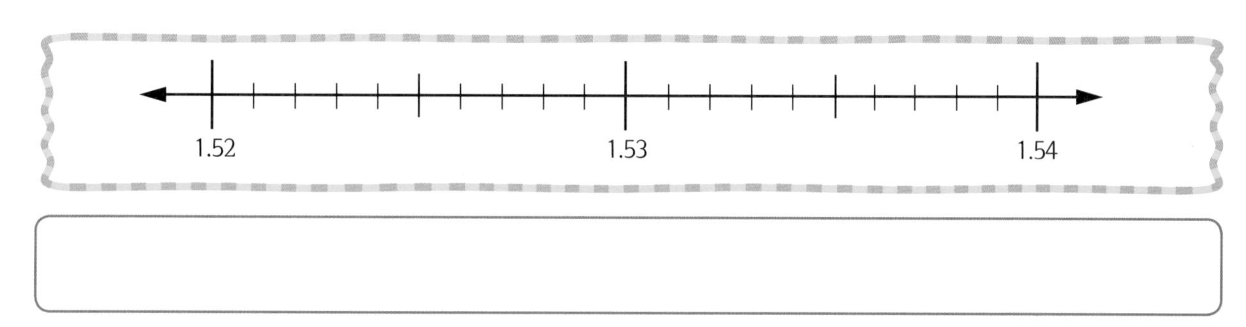

3 각 자리 수를 통해 비교해 설명하여 봅시다.

자리 수	검정색 테이프 1.531	흰색 테이프 1.526	비교

그러므로 ____________________

4 어느 색 테이프의 길이가 더 긴지 비교하는 방법을 설명하여 봅시다.

실전! 서술형!

오늘 하루 동안 어머니는 물을 1.371L를 마셨고, 아버지는 물을 1.359L를 마셨습니다. 오늘 하루 동안 물을 누가 더 많이 마셨는지 두 가지 방법으로 비교하고 설명하시오.

1. 소수의 덧셈과 뺄셈 (기본개념 2)

개념 쏙쏙!

흐리게 쓴 글자를 따라 쓰며 익혀봅시다.

무게가 0.62kg인 가방 안에 무게가 0.31kg인 책 한 권을 넣었습니다.
책이 들어 있는 가방의 무게는 몇 kg인지 여러 가지 방법으로 계산하고 설명하시오.

1 그림으로 나타내어 봅시다.

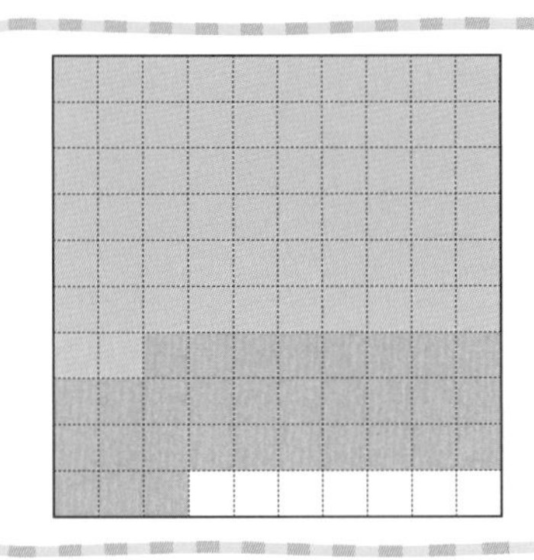

가방은 0.62kg이므로 0.01이 62개이고 책은 0.31kg이므로 0.01이 31개입니다. 0.62 + 0.31은 0.01이 93개이므로 0.93kg이 됩니다.

2 수직선으로 나타내어 봅시다.

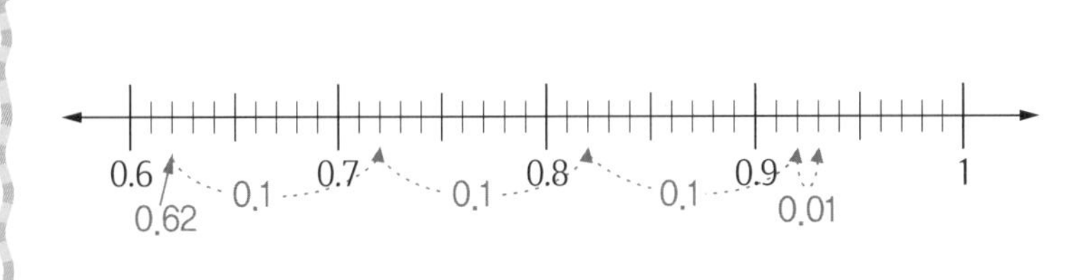

수직선에 나타내었을 때 0.62에서 0.1씩 3번, 0.01씩 1번 오른쪽으로 갑니다. 0.62와 0.31의 합은 0.93이므로 0.93kg이 됩니다.

3 세로 덧셈식으로 계산하여 봅시다.

	0.	6	2
+	0.	3	1
	0.	9	3

0.02 + 0.01 = 0.03

0.6 + 0.3 = 0.9

정리해 볼까요?

0.62 + 0.31 계산하기

	0.	6	2
+	0.	3	1
	0.	9	3

0.02 + 0.01 = 0.03

0.6 + 0.3 = 0.9

1) 소수점의 자리를 맞추어 세로로 씁니다.
2) 같은 자리 수끼리 더하면 소수 둘째 자리의 수들의 합이 0.03이고 소수 첫째 자리의 수들의 합이 0.9입니다.
3) 소수점을 그대로 내려찍으면 0.93이므로 0.93kg입니다.

첫걸음 가볍게!

초원이는 탄산수 1.48L와 레몬즙 0.37L를 사용해서 레모네이드를 만들었습니다. 초원이가 사용한 탄산수와 레몬즙은 모두 몇 L인지 여러 가지 방법으로 계산하고 설명하시오.

1 그림으로 나타내어 봅시다.

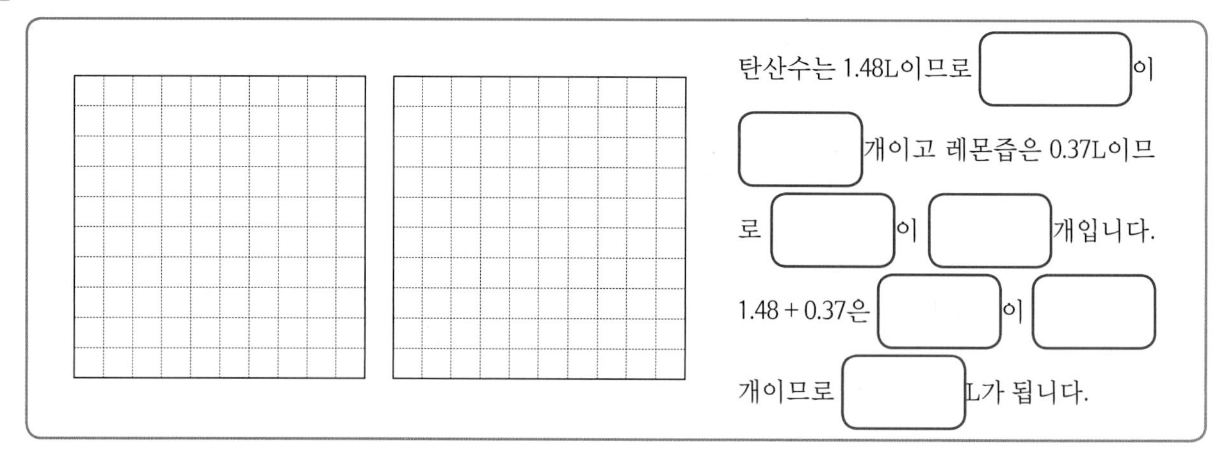

탄산수는 1.48L이므로 □이 □개이고 레몬즙은 0.37L이므로 □이 □개입니다.

1.48 + 0.37은 □이 □개이므로 □L가 됩니다.

2 수직선으로 나타내어 봅시다.

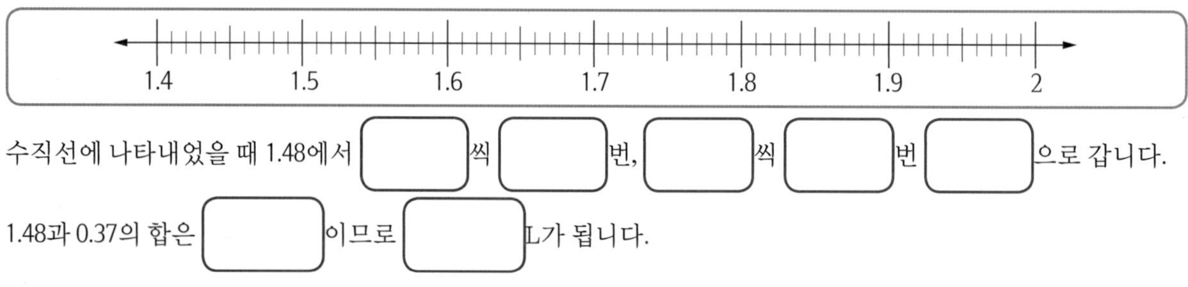

수직선에 나타내었을 때 1.48에서 □씩 □번, □씩 □번 □으로 갑니다.

1.48과 0.37의 합은 □이므로 □L가 됩니다.

3 세로 덧셈식으로 계산하여 봅시다.

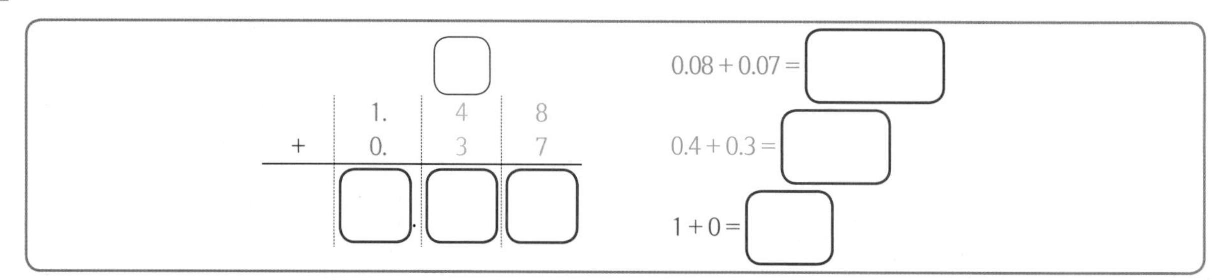

	□		
	1.	4	8
+	0.	3	7
	□.	□	□

0.08 + 0.07 = □

0.4 + 0.3 = □

1 + 0 = □

4 사용한 탄산수와 레몬즙은 모두 몇 L인지 구하는 방법을 설명하여 봅시다.

	□		
	1.	4	8
+	0.	3	7
	□.	□	□

0.08 + 0.07 = □

0.4 + 0.3 = □

1 + 0 = □

□를 맞추어 세로로 씁니다. □끼리 더하면 □이 □, □이 □, □의 합이 □입니다. □내려찍으면 □이므로 □L입니다.

한 걸음 두 걸음!

수아가 딸기 0.67kg을 가지고 있었는데 어머니께 0.23kg을 드렸습니다. 남은 딸기는 몇 kg인지 여러 가지 방법으로 계산하고 방법을 설명하시오.

1 그림으로 나타내어 봅시다.

수아가 가지고 있던 딸기는 ______________ 이고

어머니께 드린 딸기는 ______________ 입니다.

0.67 – 0.23은 ______________ 이 됩니다.

2 수직선으로 나타내어 봅시다.

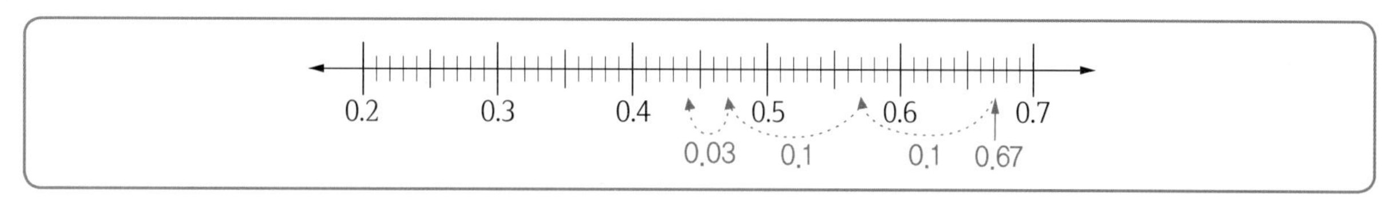

수직선에 나타내었을 때 0.67에서 ______________ 으로 돌아갑니다.

따라서 0.67과 0.23의 차는 ______________ 이 됩니다.

3 세로 뺄셈식으로 계산하여 봅시다.

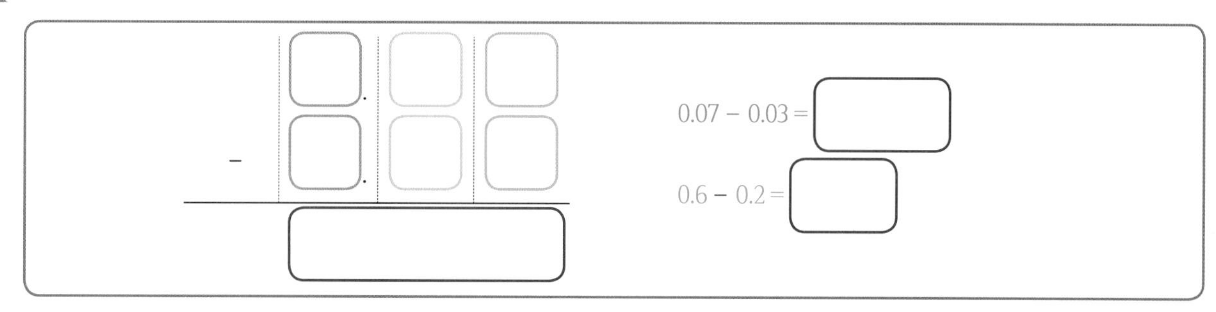

4 남은 딸기는 몇 kg인지 구하는 방법을 설명하여 봅시다.

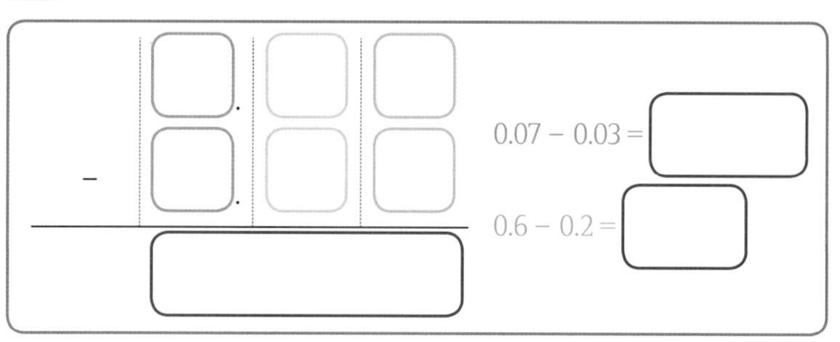

______________ 를 맞추어 세로로 씁니다. ______________ 끼리 빼면 ______________ ______________ 입니다. ______________ 내려찍으면 ______________ 입니다.

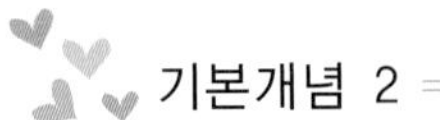

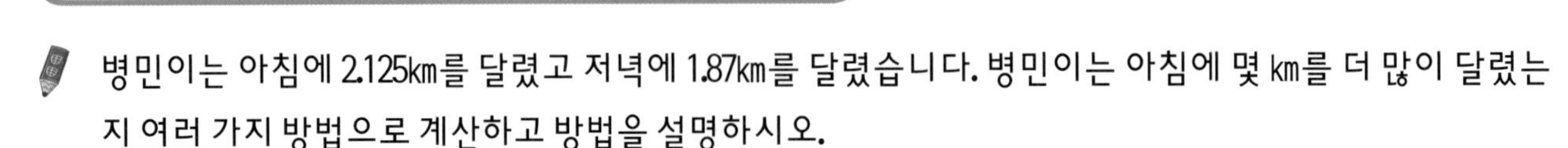

도전! 서술형!

병민이는 아침에 2.125km를 달렸고 저녁에 1.87km를 달렸습니다. 병민이는 아침에 몇 km를 더 많이 달렸는지 여러 가지 방법으로 계산하고 방법을 설명하시오.

1 0.001의 개수로 비교해 봅시다.

병민이가 아침에 달린 거리는 0.001이 ________이고 저녁에 달린 거리는 0.001이 ________입니다. ________은 ________________가 됩니다.

2 세로 뺄셈식으로 계산하여 봅시다.

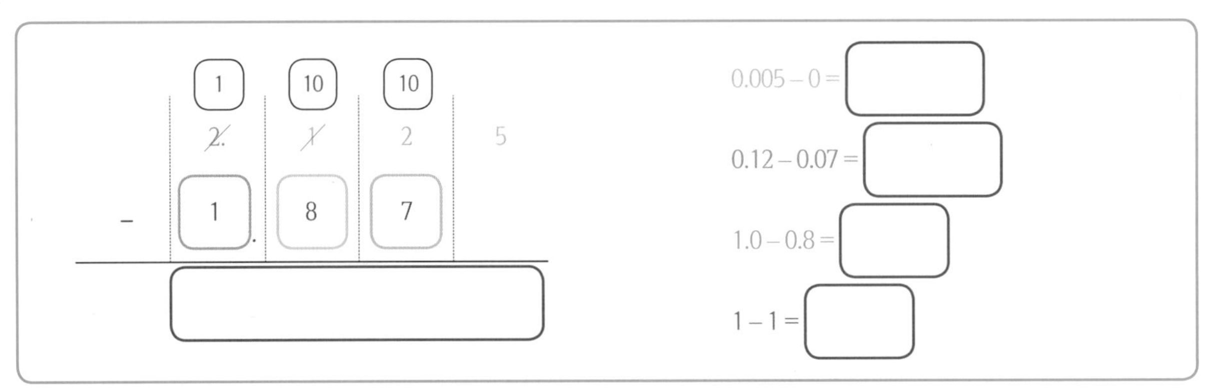

3 아침에 몇 km를 더 많이 달렸는지 구하는 방법을 설명하여 봅시다.

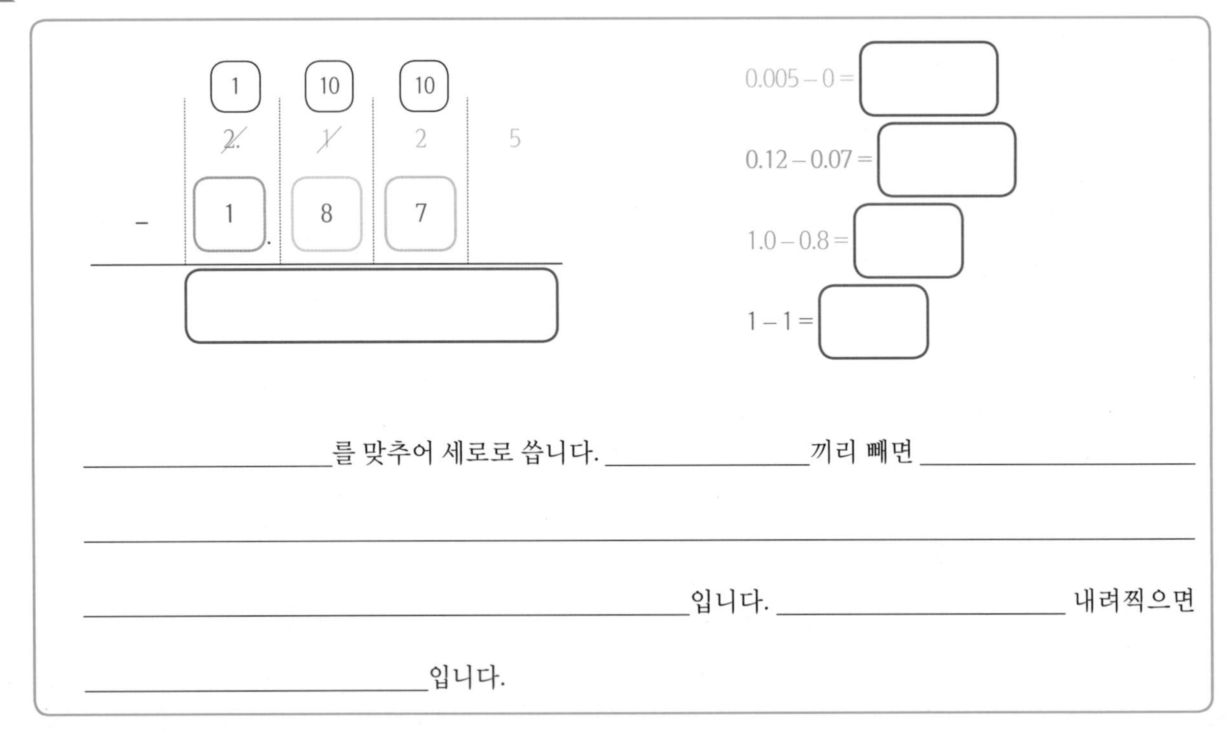

________를 맞추어 세로로 씁니다. ________끼리 빼면 ________

____

________________입니다. ________ 내려찍으면

________입니다.

실전! 서술형!

페인트가 4.218L가 있습니다. 담장을 칠하는 데 2.583L를 사용하였다면 남은 페인트는 몇 L인지 두 가지 방법으로 계산하고 방법을 설명하시오.

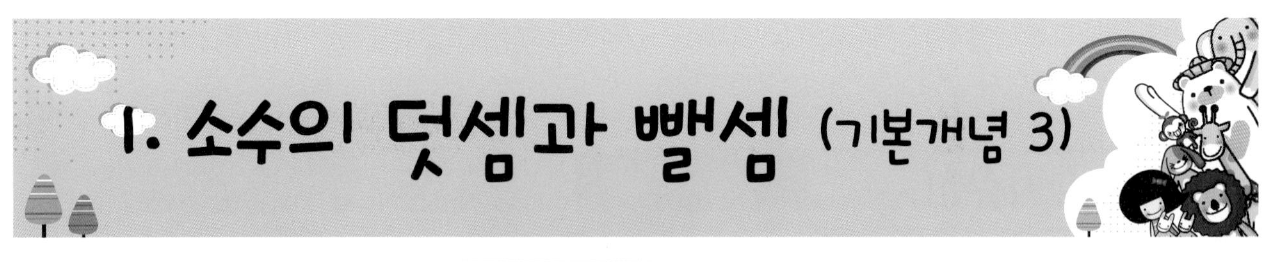

1. 소수의 덧셈과 뺄셈 (기본개념 3)

개념 쏙쏙!

 □와 △안에 들어갈 두 수의 합은 얼마인지 구하고 방법을 설명하시오.

흐리게 쓴 글자를 따라 쓰며 익혀봅시다.

$$0.\square 7 + 0.32 = 1.0\triangle$$

1 구하려고 하는 것은 무엇입니까?

□, △ 안에 들어갈 두 수의 합

2 △안에 들어갈 수를 알아봅시다.

① 소수 둘째 자리 수의 합은 $0.07 + 0.02 = 0.0\triangle$입니다.

② 7과 2의 합이 △가 되어야 하므로 △안에 들어갈 수는 9입니다.

3 □안에 들어갈 수를 알아봅시다.

① 소수 첫째 자리 수의 합은 $0.\square + 0.3 = 1.0$입니다.

② □와 3의 합은 10이 되어야 하므로 안에 들어갈 수는 7입니다.

4 □와 △안에 들어갈 두 수의 합을 알아봅시다.

$9 + 7 = 16$

정리해 볼까요?

□와 △안에 들어갈 두 수의 합 구하기

- 소수 둘째 자리 수의 합은 $0.07 + 0.02 = 0.0\triangle$이므로 $7 + 2 = \triangle$가 됩니다. 그러므로 △안에 들어갈 수는 9입니다.
- 소수 첫째 자리 수의 합은 $0.\square + 0.3 = 1.0$이므로 $\square + 3 = 10$이 됩니다. 그러므로 □안에 들어갈 수는 7입니다.
- □와 △안에 들어갈 두 수의 합은 $9 + 7 = 16$입니다.

첫걸음 가볍게!

□와 △안에 들어갈 두 수의 합은 얼마인지 구하고 방법을 설명하시오.

0.□7 − 0.32 = 0.5△

1 구하려고 하는 것은 무엇입니까?

□, △ 안에 들어갈 [ ]

2 △안에 들어갈 수를 알아봅시다.

① 소수 둘째 자리 수의 차는 [ ] = 0.0△입니다.

② [ ] 는 △가 되어야 하므로 △안에 들어갈 수는 [ ] 입니다.

3 □안에 들어갈 수를 알아봅시다.

① 소수 첫째 자리 수의 차는 0.□ − [ ] = [ ] 입니다.

② □와 [ ] 의 차는 [ ] 가 되어야 하므로 □안에 들어갈 수는 [ ] 입니다.

4 □와 △안에 들어갈 두 수의 합을 알아봅시다.

[ ]

5 □와 △안에 들어갈 두 수의 합을 구하는 방법을 설명하여 봅시다.

소수 둘째 자리 수의 차는 [ ] = 0.0△이므로

[ ] = △가 됩니다. 그러므로 △안에 들어갈 수는 [ ] 입니다.

소수 첫째 자리 수의 차는 0.□ − [ ] = [ ] 이므로

□ − [ ] = [ ] 이 됩니다. 그러므로 □ 안에 들어갈 수는 [ ] 입니다.

□와 △안에 들어갈 두 수의 합은 [ ] 입니다.

한 걸음 두 걸음!

□와 △안에 들어갈 두 수의 합은 얼마인지 구하고 방법을 설명하시오.

$6.73 - 4.9\triangle = 1.\square 1$

1 구하려고 하는 것은 무엇입니까?

□, △ 안에 들어갈 ____________________

2 △안에 들어갈 수를 알아봅시다.

① 소수 둘째 자리 수의 차는 ____________________입니다.

② ____________는 ____________이 되어야 하므로 △안에 들어갈 수는 ____________입니다.

3 □안에 들어갈 수를 알아봅시다.

① 자연수 부분과 소수 첫째 자리 수의 차는 ____________________입니다.

② ____________는 ____________이 되므로 □안에 들어갈 수는 ____________입니다.

4 □와 △안에 들어갈 두 수의 합을 알아봅시다.

5 □와 △안에 들어갈 두 수의 합을 구하는 방법을 설명하여 봅시다.

소수 둘째 자리 수의 차는 ____________________이므로 ____________________

____________________이 됩니다. 그러므로 △안에 들어갈 수는 ____________입니다.

자연수 부분과 소수 첫째 자리 수의 차는 ____________________이므로

____________________이 됩니다. 그러므로 □안에 들어갈 수는 ____________입니다.

□와 △안에 들어갈 두 수의 합은 ____________________입니다.

도전! 서술형!

□와 △안에 들어갈 두 수의 합은 얼마인지 구하고 방법을 설명하시오.

6.62 + 1.□6 = 8.1△

1 구하려고 하는 것은 무엇입니까?

2 △안에 들어갈 수를 알아봅시다.

3 □안에 들어갈 수를 알아봅시다.

4 □와 △안에 들어갈 두 수의 합을 알아봅시다.

5 □와 △안에 들어갈 두 수의 합을 구하는 방법을 설명하여 봅시다.

실전! 서술형!

□와 △안에 들어갈 두 수의 합은 얼마인지 각각 구하고 방법을 설명하시오.

4.59 − 2.6△ = 1.□1

8.81 + 2.□8 = 11.2△

1. 소수의 덧셈과 뺄셈 (기본개념 4)

개념 쏙쏙!

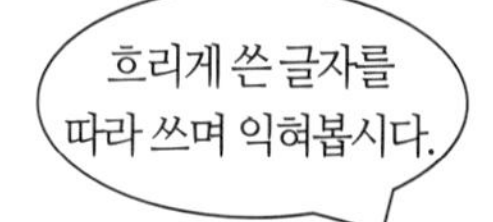

어떤 수에서 3.78을 빼야 할 것을 잘못하여 더했더니 9.34가 되었습니다.
바르게 계산하면 얼마인지 구하고 방법을 설명하시오.

1 구하려고 하는 것은 무엇입니까?

어떤 수에서 3.78을 뺀 값입니다.

2 어떤 수를 알아봅시다.

어떤 수를 □라고 하면 □ + 3.78 = 9.34이고

어떤 수 □는 9.34와 3.78의 차이므로

□ = 9.34 − 3.78 = 5.56입니다.

	8	12	10
	9. (지움)	3 (지움)	4
−	3.	7	8
	5.	5	6

3 바르게 계산하면 얼마인지 알아봅시다.

□ − 3.78 = 5.56 − 3.78 = 1.78

	4	14	10
	5. (지움)	5 (지움)	6
−	3.	7	8
	1.	7	8

정리해 볼까요?

잘못한 계산을 바르게 계산하기

- 어떤 수를 □라고 하면 □ + 3.78 = 9.34입니다.
- 어떤 수 □는 9.34와 3.78의 차이므로

  □ = 9.34 − 3.78 = 5.56입니다.
- 바르게 계산하면

  □ − 3.78 = 5.56 − 3.78 = 1.78입니다.

	4	14	10
	5. (지움)	5 (지움)	6
−	3.	7	8
	1.	5	8

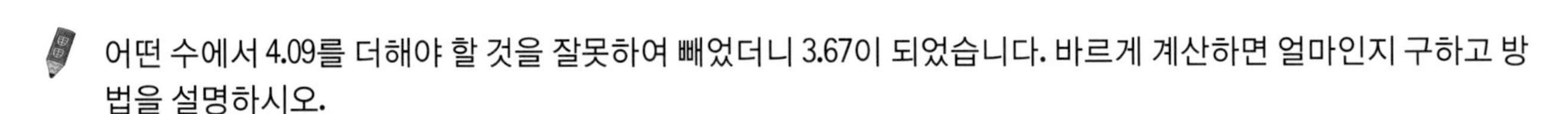

어떤 수에서 4.09를 더해야 할 것을 잘못하여 빼었더니 3.670이 되었습니다. 바르게 계산하면 얼마인지 구하고 방법을 설명하시오.

1 구하려고 하는 것은 무엇입니까?

□에 □을 더한 값입니다.

2 어떤 수를 알아봅시다.

어떤 수를 □라고 하면

□ − □ = □이고

어떤 수 □는 □과 □의 □이므로

□ = □ = □입니다.

3 바르게 계산하면 얼마인지 알아봅시다.

□ + □

= □ + □

= □

\+

4 잘못한 계산을 바르게 계산하는 방법을 설명해봅시다.

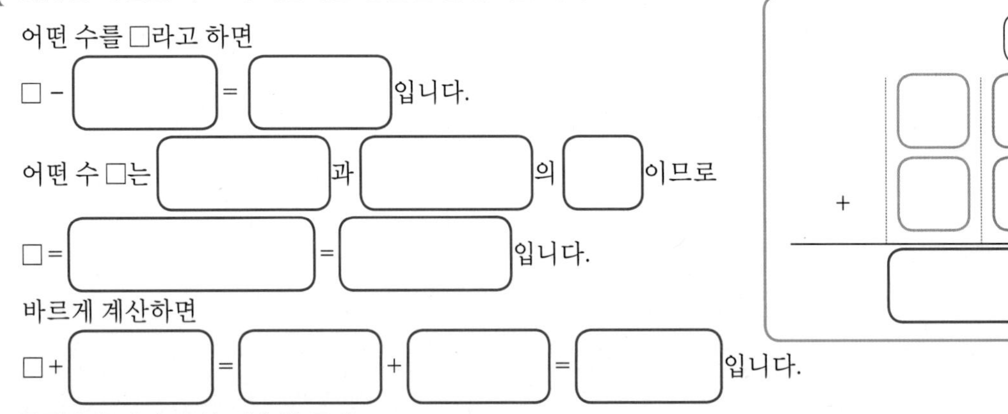

어떤 수를 □라고 하면

□ − □ = □입니다.

어떤 수 □는 □과 □의 □이므로

□ = □ = □입니다.

바르게 계산하면

□ + □ = □ + □ = □입니다.

\+

한 걸음 두 걸음!

어떤 수에서 2.36을 더해야 할 것을 잘못하여 뺐더니 2.751이 되었습니다. 바르게 계산하면 얼마인지 구하고 방법을 설명하시오.

1 구하려고 하는 것은 무엇입니까?

__________에 __________을 더한 값입니다.

2 어떤 수를 알아봅시다.

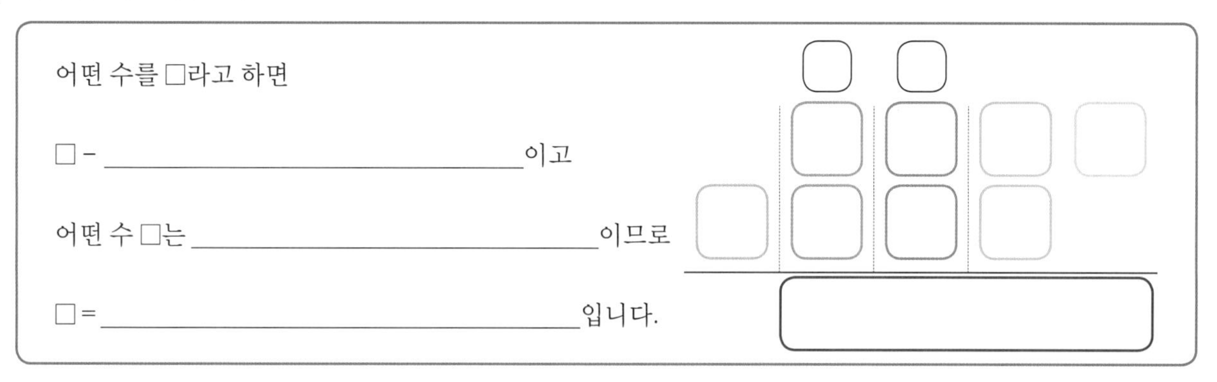

어떤 수를 □라고 하면

□ − __________이고

어떤 수 □는 __________이므로

□ = __________입니다.

3 바르게 계산하면 얼마인지 알아봅시다.

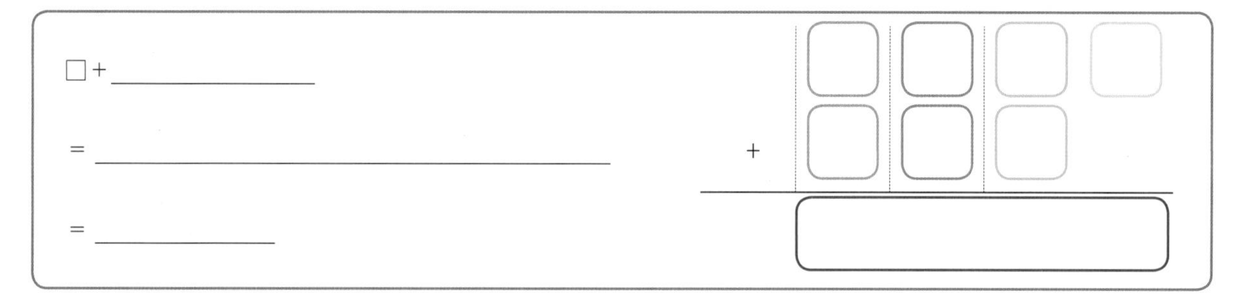

□ + __________

= __________

= __________

4 잘못한 계산을 바르게 계산하는 방법을 설명해봅시다.

어떤 수를 □라고 하면

□ − __________입니다.

어떤 수 □는 __________이므로

□ = __________입니다.

바르게 계산하면

□ + __________입니다.

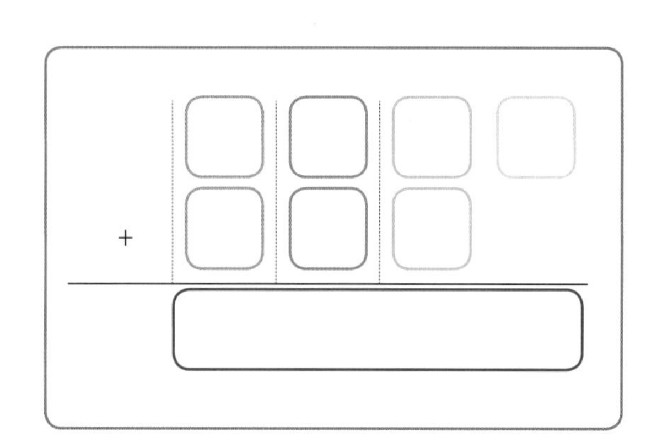

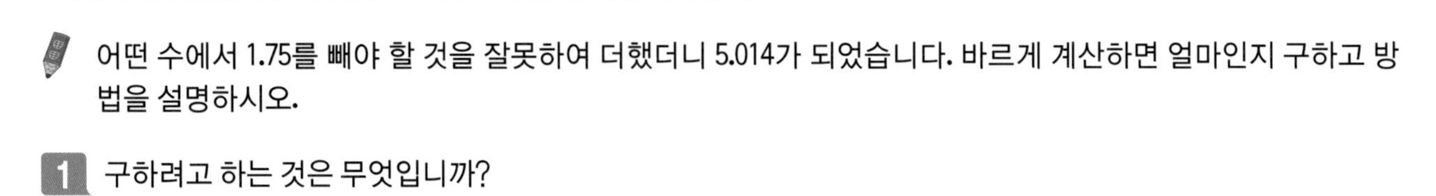

어떤 수에서 1.75를 빼야 할 것을 잘못하여 더했더니 5.014가 되었습니다. 바르게 계산하면 얼마인지 구하고 방법을 설명하시오.

1 구하려고 하는 것은 무엇입니까?

2 어떤 수를 알아봅시다.

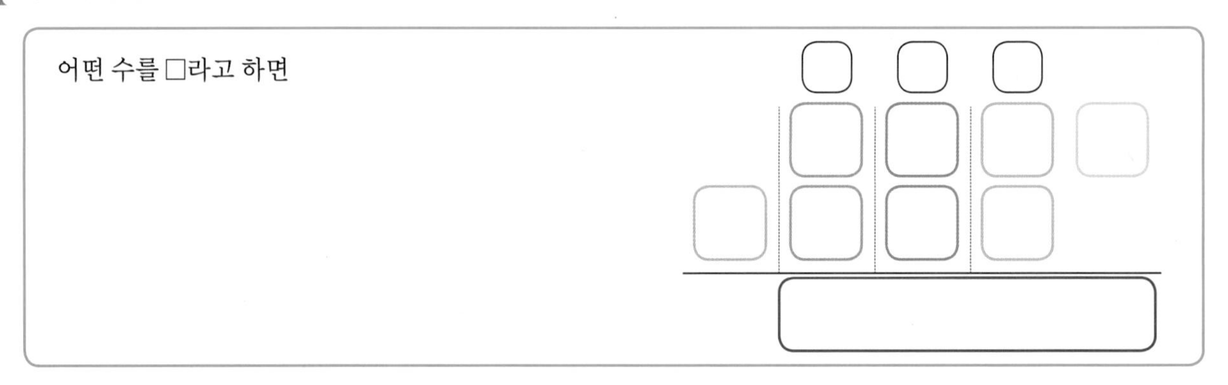

3 바르게 계산하면 얼마인지 알아봅시다.

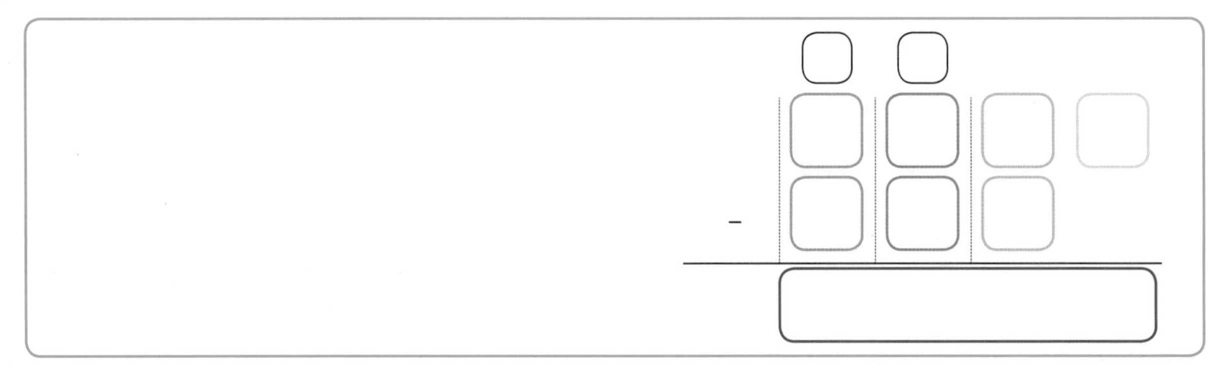

4 잘못한 계산을 바르게 계산하는 방법을 설명해봅시다.

어떤 수를 □라고 하면

−

실전! 서술형!

어떤 수에서 4.98을 빼야 할 것을 잘못하여 더했더니 10.123이 되었습니다. 바르게 계산하면 얼마인지 구하고 방법을 설명하시오.

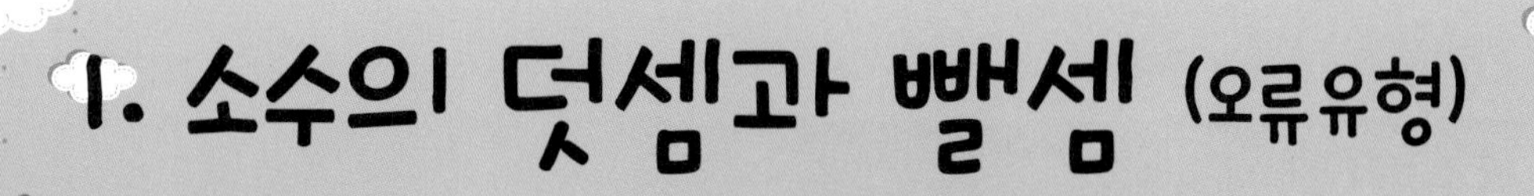

1. 소수의 덧셈과 뺄셈 (오류유형)

개념 쏙쏙!

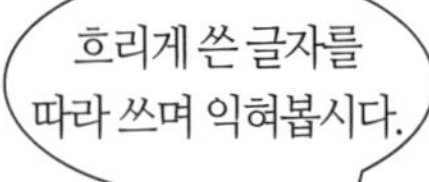

채환이가 다음과 같이 문제를 해결하였습니다.
잘못된 점을 찾고 이유를 설명하시오.

		1.	6
+	1.	2	5
	1.	4	1

1 계산 과정을 보며 잘못된 점을 찾아봅시다.

소수점의 자리를 잘못 맞추고 계산했습니다.

2 바르게 계산하는 방법을 설명하여 봅시다.

소수점의 자리를 맞추어 세로로 쓰고 같은 자리 수끼리 덧셈을 하여야 합니다.

정리해 볼까요?

계산 과정의 잘못된 점을 찾고 이유를 설명하시오.

소수점의 자리를 잘못 맞추고 계산했습니다. 소수점의 자리를 맞추어 세로로 쓰고 같은 자리 수끼리 덧셈을 하여야 합니다.

첫걸음 가볍게!

채환이가 다음과 같이 문제를 해결하였습니다.
잘못된 점을 찾고 이유를 설명하시오.

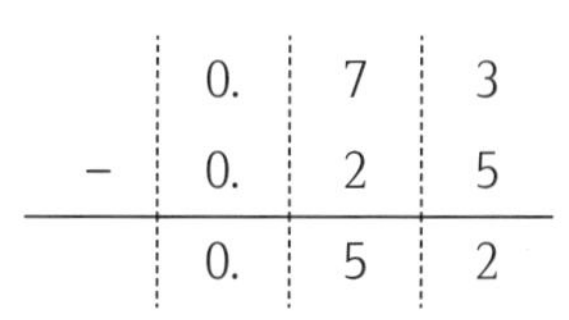

	0.	7	3
−	0.	2	5
	0.	5	2

1 계산 과정을 보며 잘못된 점을 찾아봅시다.

[　　　　　　]에서 받아내림을 하지 않고 계산했습니다.

2 바르게 계산하는 방법을 설명하여 봅시다.

[　　　　　　]에서 받아내림을 한 뒤에 [　　　　　　]끼리 뺄셈을 하여야 합니다.

3 계산 과정의 잘못된 점을 찾고 이유를 설명하여 봅시다.

[　　　　　　]에서 받아내림을 하지 않고 계산했습니다. [　　　　　　]에서 받아내림을 한 뒤에 [　　　　　　]끼리 뺄셈을 하여야 합니다.

오류유형

한 걸음 두 걸음!

은서가 다음과 같이 문제를 해결하였습니다.
잘못된 점을 찾고 이유를 설명하시오.

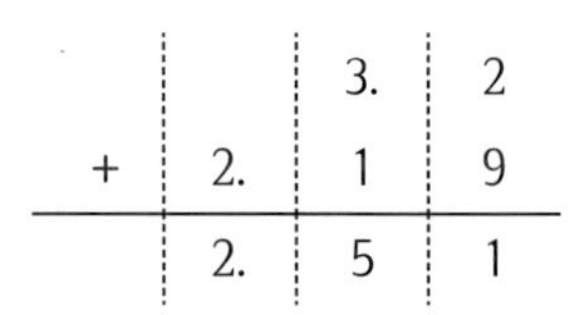

1 계산 과정을 보며 잘못된 점을 찾아봅시다.

______________를 잘못 맞추고 계산했습니다.

2 바르게 계산하는 방법을 설명하여 봅시다.

______________를 맞추어 세로로 쓰고 ______________끼리 덧셈을 하여야 합니다.

3 계산 과정의 잘못된 점을 찾고 이유를 설명하여 봅시다.

______________를 잘못 맞추고 계산했습니다. ______________를 맞추어 세로로 쓰고 ______________끼리 덧셈을 하여야 합니다.

도전! 서술형!

예빈이가 다음과 같이 문제를 해결하였습니다.
잘못된 점을 찾고 이유를 설명하시오.

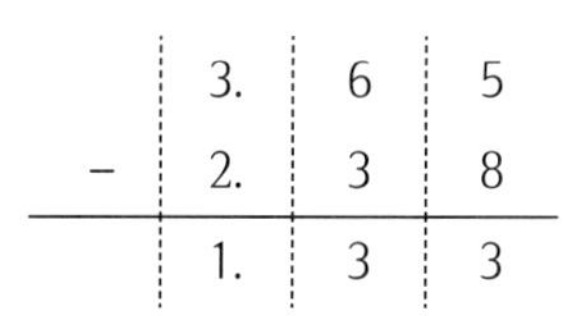

	3.	6	5
−	2.	3	8
	1.	3	3

1 계산 과정을 보며 잘못된 점을 찾아봅시다.

2 바르게 계산하는 방법을 설명하여 봅시다.

3 계산 과정의 잘못된 점을 찾고 이유를 설명하여 봅시다.

실전! 서술형!

지효가 다음과 같이 문제를 해결하였습니다.
각각 잘못된 점을 찾고 이유를 설명하시오.

		5.	1	4
+	3.	4	8	1
	3.	9	9	5

	7.	3	2
−	2.	9	5
	4.	6	3

Jumping Up! 창의성!

다음 카드를 한 번씩 모두 사용하여 소수 두 자리 수를 만들려고 합니다. 만들 수 있는 가장 큰 수와 가장 작은 수의 합을 구하고 방법을 설명해 보시오.

4	.	9	8

1 가장 큰 소수 두 자리 수를 알아봅시다.

2 가장 작은 소수 두 자리 수를 알아봅시다.

3 만들 수 있는 가장 큰 수와 가장 작은 수의 합을 구하고 방법을 설명하여 봅시다.

나의 실력은?

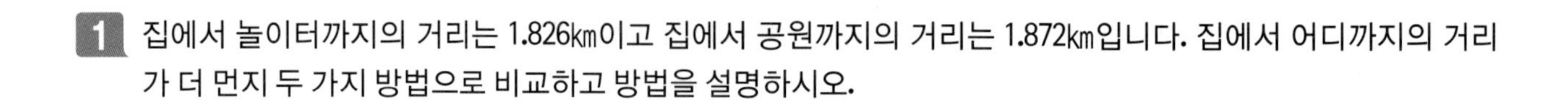

1 집에서 놀이터까지의 거리는 1.826㎞이고 집에서 공원까지의 거리는 1.872㎞입니다. 집에서 어디까지의 거리가 더 먼지 두 가지 방법으로 비교하고 방법을 설명하시오.

(1)

(2)

2 수영이는 무게가 0.34㎏인 바구니에 수박을 담았습니다. 수박을 담은 바구니의 무게가 3.213㎏이라면 수박은 몇㎏인지 두 가지 방법으로 계산하고 설명하시오.

(1)

(2)

3 □와 △안에 들어갈 두 수의 합은 얼마인지 구하고 방법을 설명하시오.

5.24 − 1.8△ = 3.□3

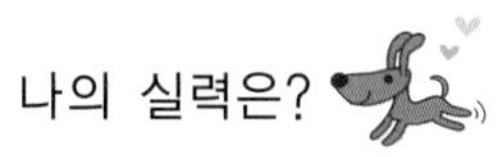

4 어떤 수에서 2.76을 빼야 할 것을 잘못하여 더했더니 8.041이 되었습니다. 바르게 계산하면 얼마인지 구하고 방법을 설명하시오.

5 지효가 다음과 같이 문제를 해결하였습니다. 잘못된 점을 찾고 이유를 설명하시오.

		1.	4	8
+	2.	4	1	8
	2.	5	6	6

4-2

2. 수직과 평행

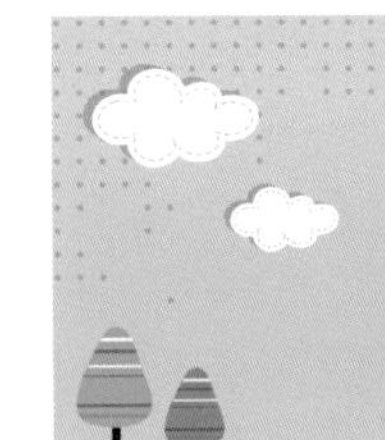

2. 수직과 평행 (기본개념 1)

개념 쏙쏙!

흐리게 쓴 글자를 따라 쓰며 익혀봅시다.

아래에 있는 직선들 중 직선 가에 대한 수선을 모두 찾고 이유를 설명하시오.

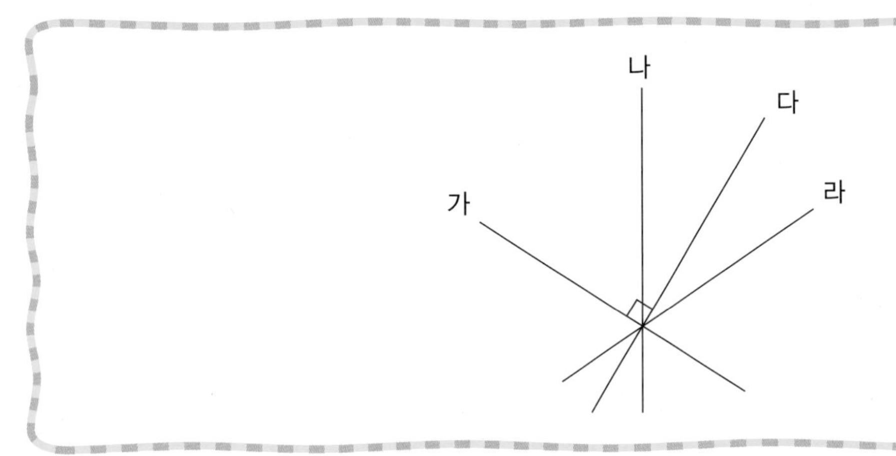

1 두 직선이 만나서 이루는 각이 직각일 때 두 직선은 서로 수직이라고 합니다.

2 두 직선이 서로 수직으로 만나면 한 직선을 다른 직선에 대한 수선이라고 합니다.

3 직선 가와 수직인 직선은 [직선 다] 입니다.

4 직선 가의 수선은 직선 다입니다.

정리해 볼까요?

직선 가에 대한 수선 찾기

- [두 직선이 이루는 각이 직각일 때], 두 직선은 서로 [수직] 이라고 하고, 두 직선이 서로 수직으로 만날 때 [한 직선을 다른 직선에 대한 수선] 이라고 합니다.
- 직선 가와 직선 다는 [서로 수직으로 만나기 때문에] 직선 가의 수선은 직선 다입니다.

첫걸음 가볍게!

아래에 있는 직선들 중 직선 가에 대한 수선을 모두 찾고 이유를 설명하시오.

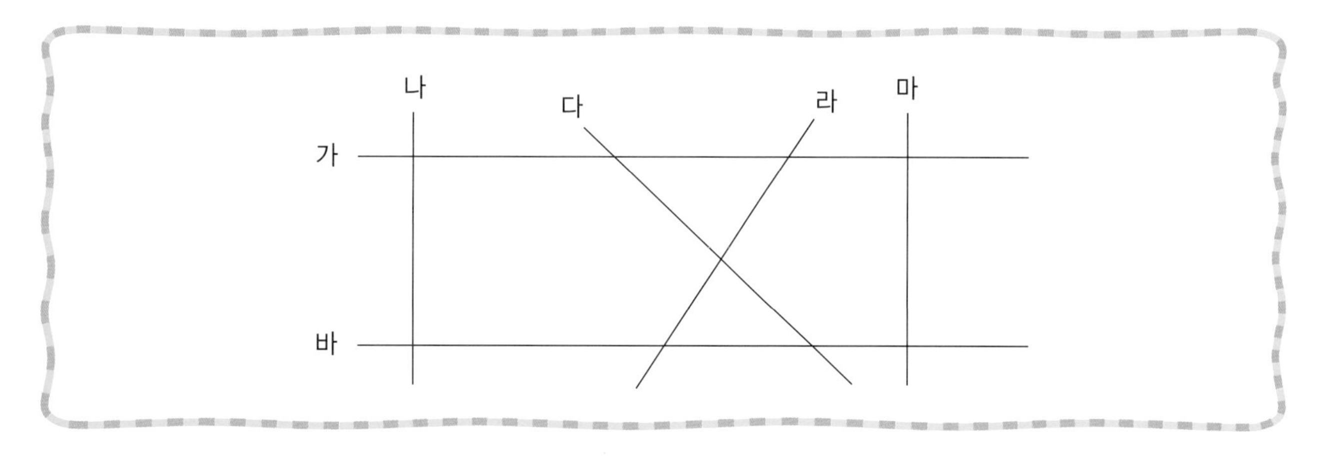

1 ☐이 만나서 이루는 각이 ☐일 때 두 직선은 서로 ☐이라고 합니다.

2 ☐이 서로 ☐으로 만나면 한 직선을 다른 직선에 대한 ☐이라고 합니다.

3 직선 가와 수직인 직선은 ☐와 ☐입니다.

4 직선 가의 수선은 ☐입니다.

5 직선 가에 대한 수선을 모두 찾고 이유를 설명하여 봅시다.

- ☐이 이루는 각이 ☐일 때, 두 직선은 서로 ☐이라고 하고, ☐이 서로 ☐으로 만날 때 한 직선을 다른 직선에 대한 ☐이라고 합니다.
- 직선 가와 ☐는 서로 ☐으로 만나기 때문에 직선 가의 수선은 ☐와 ☐입니다.

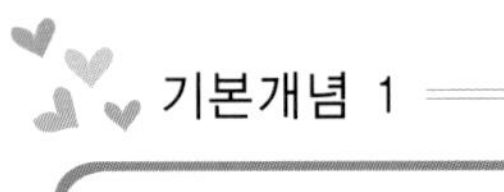

한 걸음 두 걸음!

아래에 있는 직선들 중 직선 가에 대한 수선을 모두 찾고 이유를 설명하시오.

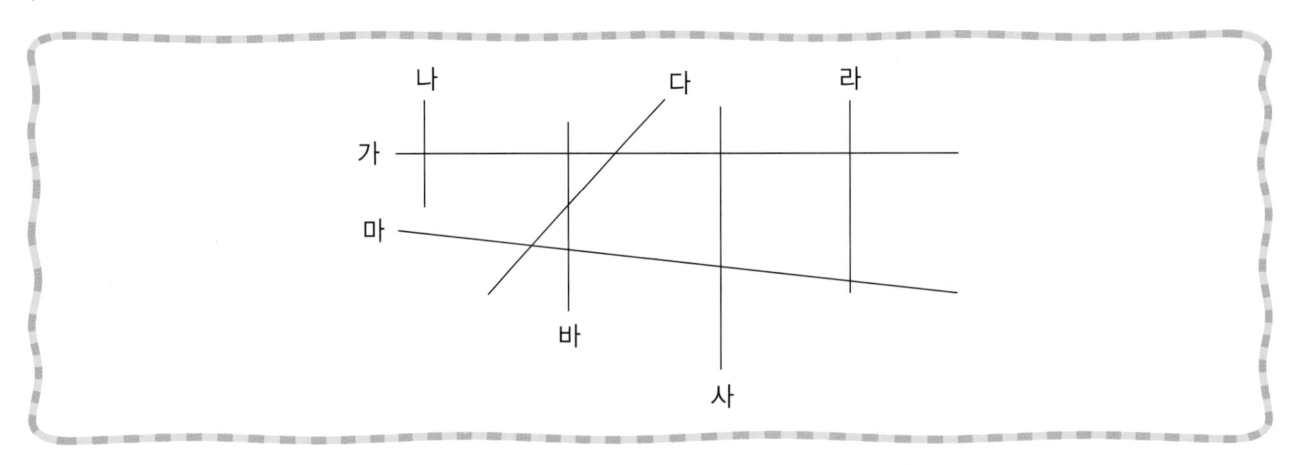

1 ______이 만나서 이루는 각이 ______일 때 두 직선은 서로 ______이라고 합니다.

2 ______이 서로 ______으로 만날 때 한 직선을 다른 직선에 대한 ______이라고 합니다.

3 직선 가와 수직인 직선은 ______________입니다.

4 직선 가의 수선은 ______________입니다.

5 직선 가에 대한 수선을 모두 찾고 이유를 설명하여 봅시다.

- ______이 이루는 각이 ______일 때, 두 직선은 서로 ______이라고 하고,
  ______이 서로 ______으로 만나면 한 직선을 다른 직선에 대한 ______이라고 합니다.
- 직선 가와 ______________

도전! 서술형!

아래에 있는 직선들 중 직선 가에 대한 수선을 모두 찾고 이유를 설명하시오.

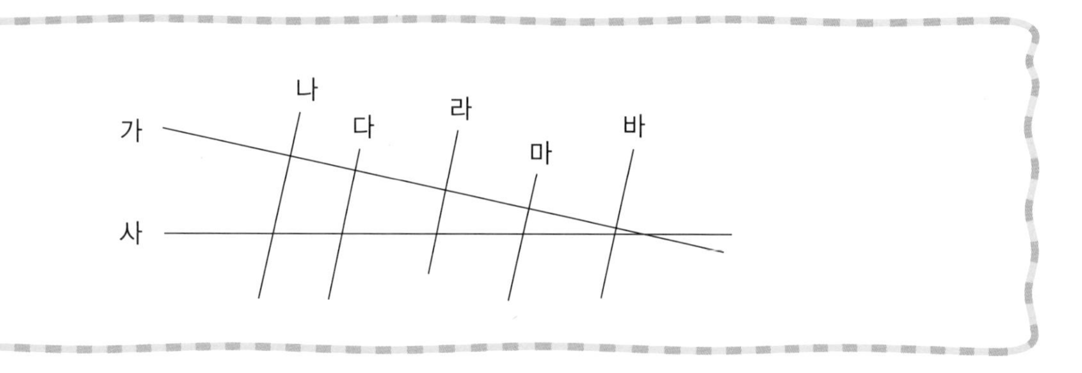

1 수선에 대해 설명하여 봅시다.

2 직선 가와 수직인 직선을 찾아봅시다.

3 직선 가의 수선을 찾아봅시다.

4 직선 가에 대한 수선을 모두 찾고 이유를 설명하여 봅시다.

실전! 서술형!

아래에 있는 직선들 중 직선 가에 대한 수선을 모두 찾고 이유를 설명하시오.

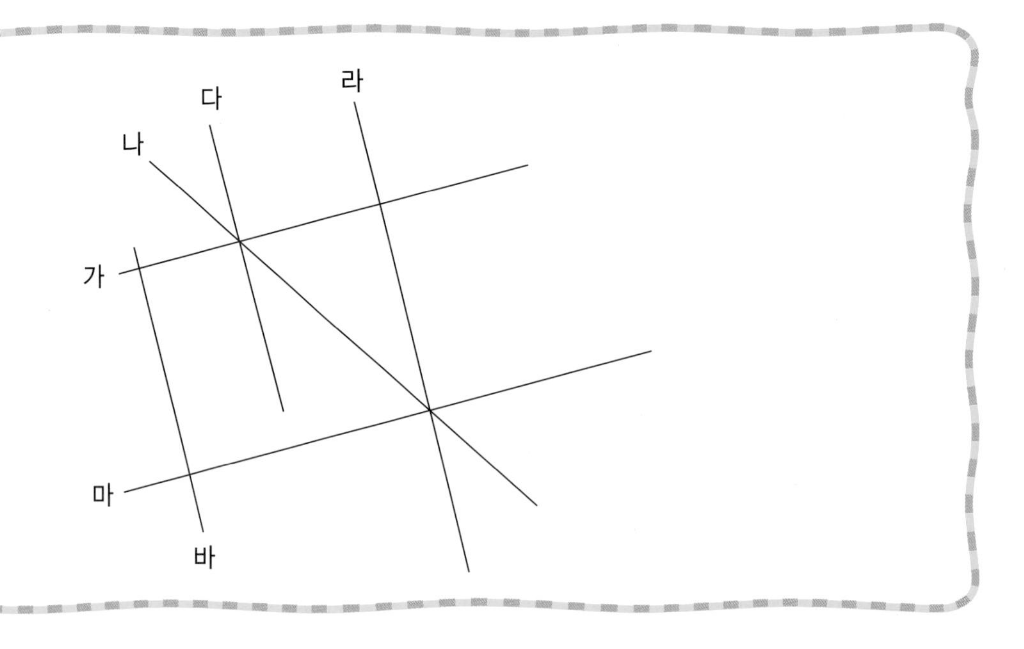

2. 수직과 평행 (기본개념 2)

개념 쏙쏙!

다음 도형에서 평행선 사이의 거리를 구하고 설명하시오.

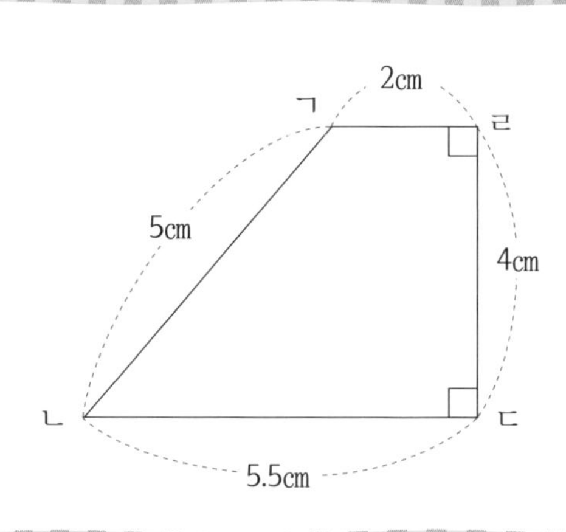

1 평행선의 [한 직선에서 다른 직선에 수선을 그었을 때] 이 수선의 길이를 [평행선 사이의 거리]라고 합니다.

2 (변 ㄱㄹ)과 (변 ㄴㄷ)은 평행선입니다.

3 (변 ㄷㄹ)은 평행선 사이의 수선입니다.

4 평행선 사이의 거리는 얼마입니까?

평행선의 수선은 변 ㄷㄹ이므로 평행선 사이의 거리는 4cm입니다.

정리해 볼까요?

평행선 사이의 거리 구하기

- 평행선의 [한 직선에서 다른 직선에 수선을 그었을 때] 이 수선의 길이를 [평행선 사이의 거리]라고 합니다.
- 평행선은 변 ㄱㄹ과 변 ㄴㄷ이고 평행선의 수선은 변 ㄷㄹ이므로 평행선 사이의 거리는 4cm입니다.

기본개념 2

다음 도형에서 평행선 사이의 거리를 구하고 설명하시오.

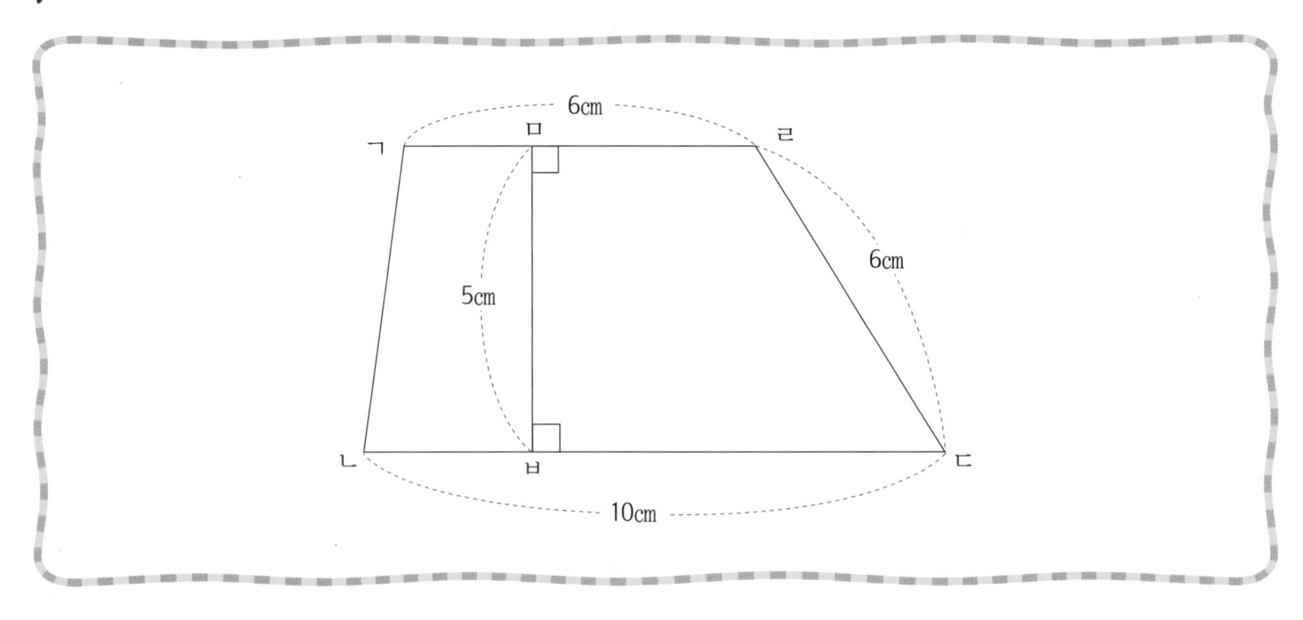

1 평행선의 한 직선에서 다른 직선에 [ ]을 그었을 때 이 [ ]의 길이를 [ ]라고 합니다.

2 [ ]과 [ ]은 평행선입니다.

3 [ ]은 평행선 사이의 수선입니다.

4 평행선 사이의 거리는 얼마입니까?

평행선의 [ ]은 [ ]이므로 평행선 사이의 거리는 [ ]입니다.

5 평행선 사이의 거리는 얼마입니까?

- 평행선의 한 직선에서 다른 직선에 [ ]을 그었을 때 이 [ ]의 길이를 [ ]라고 합니다.
- 평행선은 [ ]과 [ ]이고 평행선의 [ ]은 [ ]이므로 평행선 사이의 거리는 [ ]입니다.

한 걸음 두 걸음!

다음 도형에서 가장 먼 평행선 사이의 거리를 구하고 설명하시오.

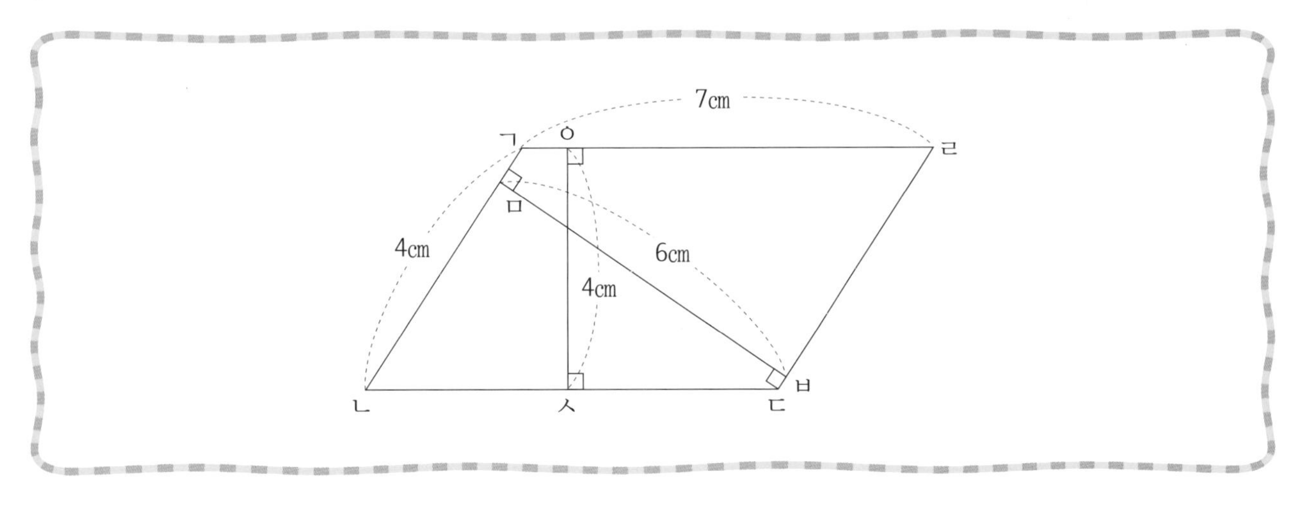

1 평행선의 한 직선에서 다른 직선에 ________을 그었을 때 이 ________의 길이를 ________라고 합니다.

2 평행선을 모두 찾으세요.

______과 ______, ______과 ______은 서로 평행선입니다.

3 평행선의 수선이 되는 부분을 모두 찾으세요.

______과 ______은 평행선 사이의 수선입니다.

4 가장 먼 평행선 사이의 거리는 얼마입니까?

가장 먼 평행선 사이의 ______은 ______이므로 가장 먼 평행선 사이의 거리는 ________입니다.

5 가장 먼 평행선 사이의 거리를 구하고 설명하여 봅시다.

- 평행선의 한 직선에서 다른 직선에 ________을 그었을 때 이 ________의 길이를 ________라고 합니다.
- 평행선은 ______과 ______, ______과 ______이고 가장 먼 평행선 사이의 ______은 ________이므로 가장 먼 평행선 사이의 거리는 ______입니다.

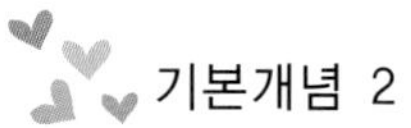

도전! 서술형!

다음 도형에서 가장 먼 평행선 사이의 거리를 구하고 설명하시오.

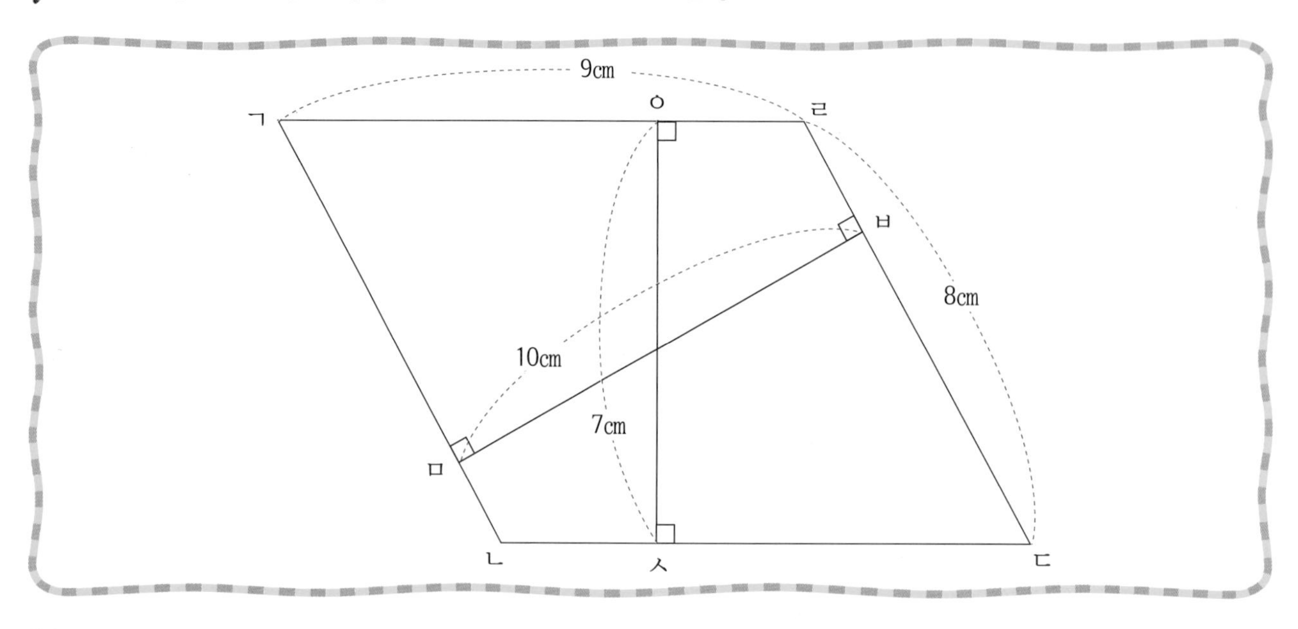

1 평행선 사이의 거리를 설명하여 봅시다.

2 평행선을 모두 찾으세요.

3 평행선의 수선이 되는 부분을 모두 찾으세요.

4 가장 먼 평행선 사이의 거리는 얼마입니까?

5 가장 먼 평행선 사이의 거리를 구하고 설명하여 봅시다.

실전! 서술형!

 다음 도형에서 가장 먼 평행선 사이의 거리를 구하고 설명하시오.

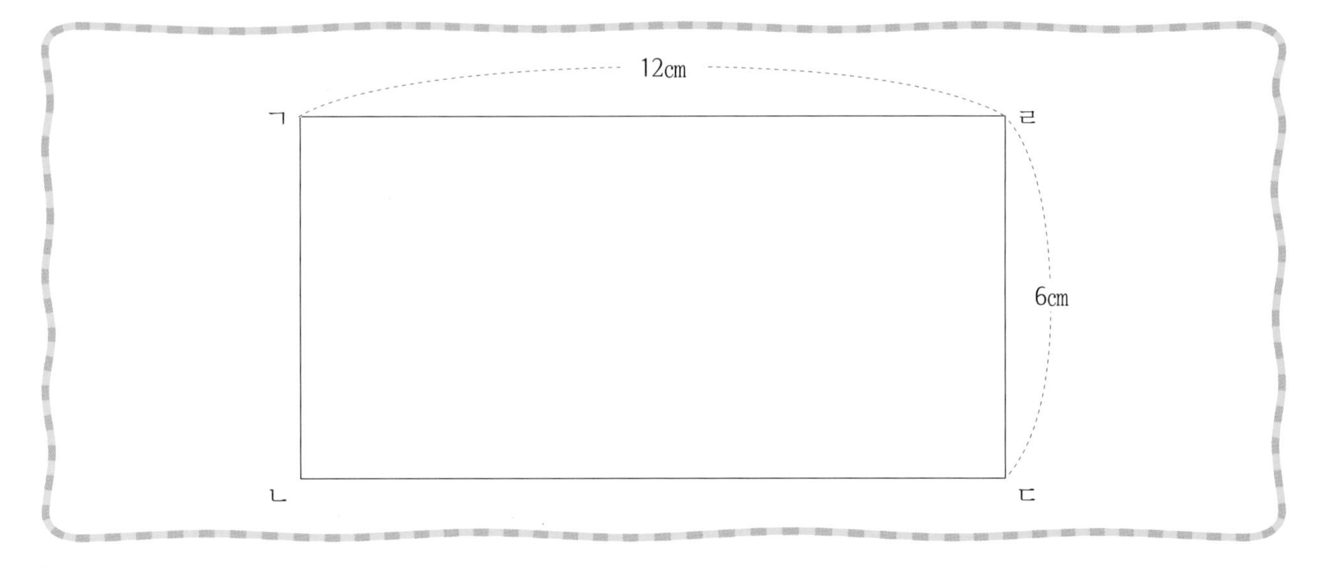

2. 수직과 평행 (기본개념 3)

개념 쏙쏙!

흐리게 쓴 글자를 따라 쓰며 익혀봅시다.

직선 ㄱㄴ과 직선 ㄷㄹ이 평행할 때 각 ㉠의 크기를 구하고 설명하시오.

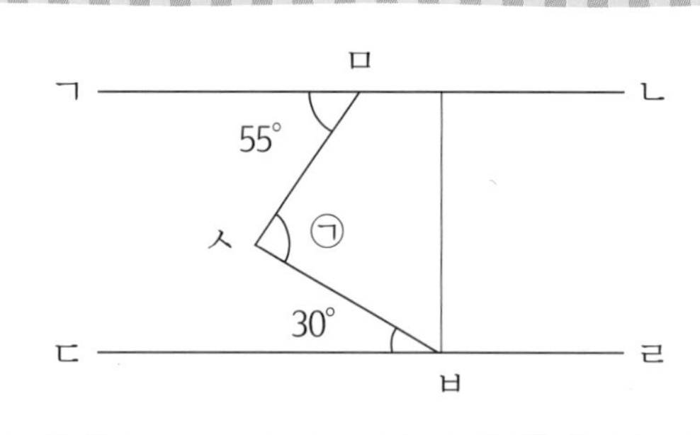

1 구하려고 하는 것은 무엇입니까? (각 ㉠의 크기)

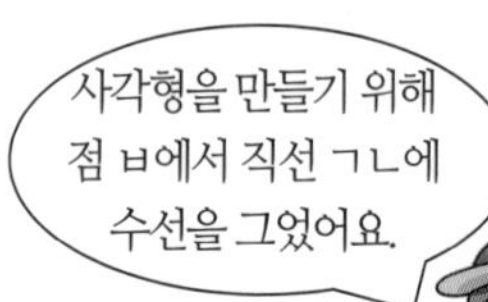

2 점 ㅂ에서 직선 ㄱㄴ에 수선을 그어보면 어떤 도형이 생기나요? (사각형)

3 만들어진 도형의 모든 각의 합은 얼마입니까? (360°)

4 만들어진 도형의 나머지 각의 크기는 각각 얼마입니까?

① 평행선의 수선과 직선 ㄱㄴ이 이루는 각도 = 90°
② 평행선의 수선과 선분 ㅅㅂ이 이루는 각도 = 90° − 30° = 60°
③ 선분 ㅅㅁ과 반직선 ㅁㄴ이 이루는 각도 = 180° − 55° = 125°

곧은 선은 180°입니다.

5 각 ㉠의 크기는 얼마입니까?

㉠ = 360° − 90° − 60° − 125° = 85°

정리해 볼까요?

사각형을 이용하여 각도 구하기

점 ㅂ에서 직선 ㄱㄴ에 수선을 그어 사각형을 만들면 모든 각의 합이 360°이고, 평행선의 수선과 직선 ㄱㄴ이 이루는 각도는 90°이고, 평행선의 수선과 선분 ㅅㅂ이 이루는 각도는 90° − 30° = 60°이고, 선분 ㅅㅁ과 반직선 ㅁㄴ이 이루는 각도는 180° − 55° = 125°이므로 ㉠ = 360° − 90° − 60° − 125° = 85°입니다.

첫걸음 가볍게!

직선 ㄱㄴ과 직선 ㄷㄹ이 평행할 때 각 ㉠의 크기를 구하고 설명하시오.

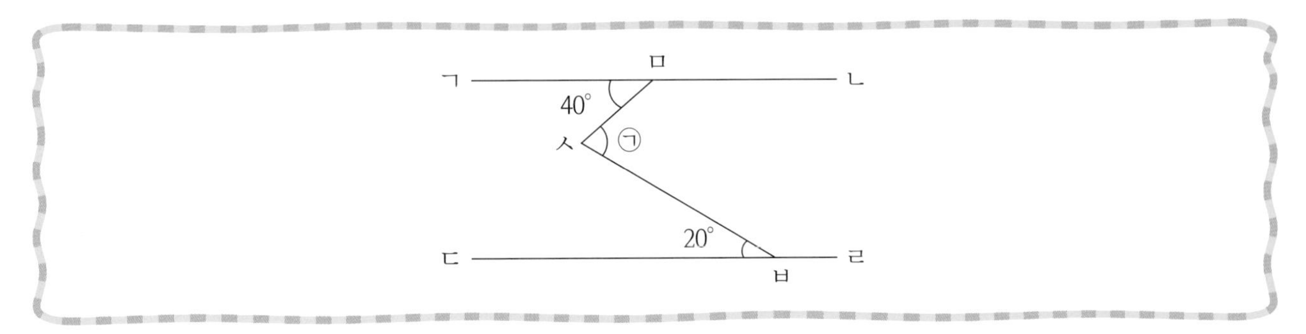

1 구하려고 하는 것은 무엇입니까? [ ]

2 점 ㅂ에서 직선 ㄱㄴ에 수선을 그어보면 어떤 도형이 생기나요? [ ]

3 만들어진 도형의 모든 각의 합은 얼마입니까? [ ]

4 만들어진 도형의 나머지 각의 크기는 각각 얼마입니까?

① 평행선의 [ ] 과 [ ] 이 이루는 각도 = [ ]

② 평행선의 [ ] 과 [ ] 이 이루는 각도 = [ ]

③ [ ] 과 [ ] 이 이루는 각도 = [ ]

5 각 ㉠의 크기는 얼마입니까?

㉠ = [ ]

6 각 ㉠의 크기를 구하고 설명하여 봅시다.

점 ㅂ에서 직선 ㄱㄴ에 수선을 그어 [ ] 을 만들면 모든 각의 합이 [ ] 이고, 평행선의 [ ] 과 [ ] 이 이루는 각도는 [ ] 이고, 평행선의 [ ] 과 [ ] 이 이루는 각도는 [ ] 이고, [ ] 과 [ ] 이 이루는 각도는 [ ] 이므로 ㉠ = [ ] 입니다.

한 걸음 두 걸음!

직선 ㄱㄴ과 직선 ㄷㄹ이 평행할 때 각 ㉠의 크기를 구하고 설명하시오.

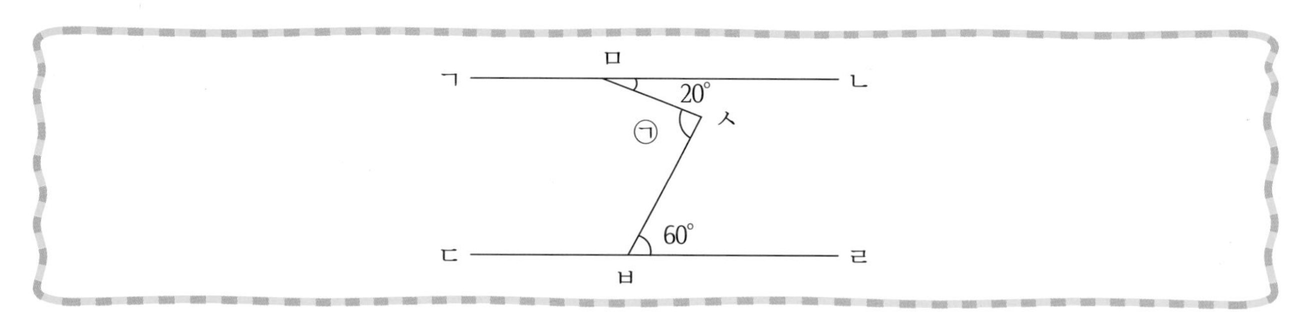

1 구하려고 하는 것은 무엇입니까? ______________________

2 점 ㅁ에서 직선 ㄷㄹ에 수선을 그어보면 어떤 도형이 생깁니까? ______________________

3 만들어진 도형의 모든 각의 합은 얼마입니까? ______________________

4 만들어진 도형의 나머지 각의 크기는 각각 얼마입니까?

① 평행선의 ______________________

② 평행선의 ______________________

③ ______________________

5 각 ㉠의 크기는 얼마입니까?

㉠ = ______________________

6 각 ㉠의 크기를 구하고 설명하여 봅시다.

점 ㅁ에서 직선 ㄷㄹ에 수선을 그어 ______________________

도전! 서술형!

직선 ㄱㄴ과 직선 ㄷㄹ이 평행할 때 각 ㉠의 크기를 구하고 설명하시오.

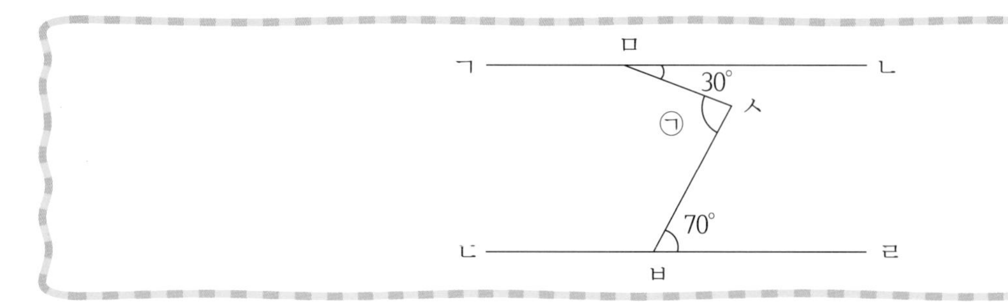

1 구하려고 하는 것은 무엇입니까?

2 점 ㅁ에서 직선 ㄷㄹ에 수선을 그어보면 어떤 도형이 생깁니까?

3 만들어진 도형의 모든 각의 합은 얼마입니까?

4 만들어진 도형의 나머지 각의 크기는 각각 얼마입니까?

5 각 ㉠의 크기는 얼마입니까?

6 각 ㉠의 크기를 구하고 설명하여 봅시다.

실전! 서술형!

직선 ㄱㄴ과 직선 ㄷㄹ이 평행할 때 각 ㉠의 크기를 구하고 설명하시오.

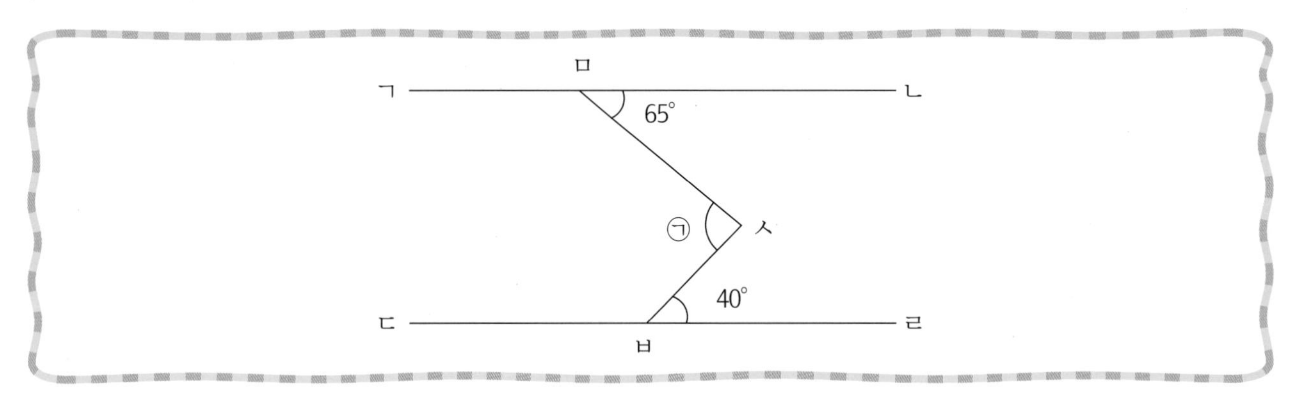

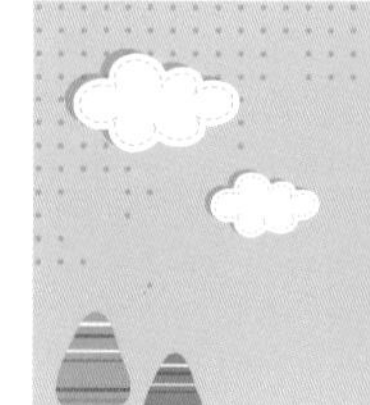

2. 수직과 평행 (기본개념 4)

개념 쏙쏙!

흐리게 쓴 글자를 따라 쓰며 익혀봅시다.

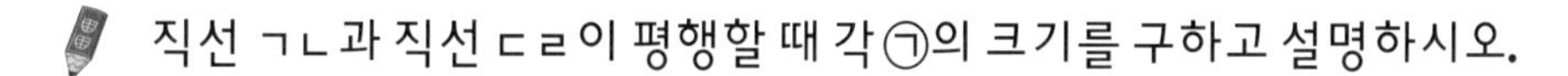

직선 ㄱㄴ과 직선 ㄷㄹ이 평행할 때 각 ㉠의 크기를 구하고 설명하시오.

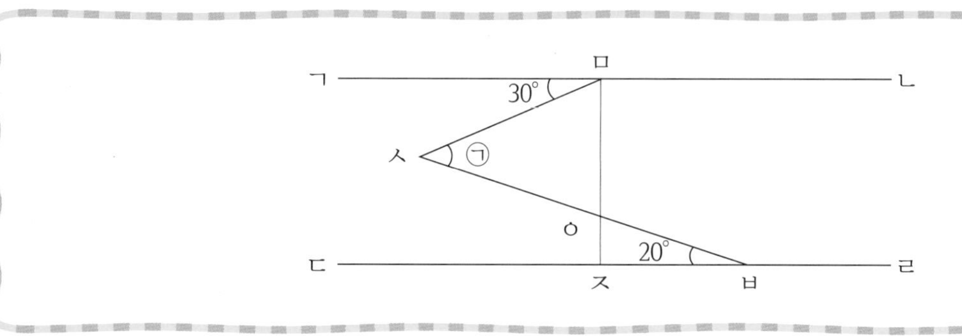

1 구하려고 하는 것은 무엇입니까? (각 ㉠의 크기)

2 점 ㅁ에서 직선 ㄷㄹ에 수선을 그어보면 어떤 도형이 생기나요? (삼각형)

삼각형 ㅇㅈㅂ에서 두 각은 20°, 90°이므로 나머지 각은 70°입니다. 그러므로 각 ㅅㅇㅈ은 180° − 70° = 110°입니다.

3 만들어진 도형의 모든 각의 합은 얼마입니까? (180°)

4 만들어진 도형의 나머지 각의 크기는 각각 얼마입니까?

① 평행선의 수선과 선분 ㅅㅁ이 이루는 각도 = 90° − 30° = 60°

② 평행선의 수선과 선분 ㅅㅂ이 이루는 각도 = 180° − 각 ㅅㅇㅈ

= 180° − 110° = 70°

5 각 ㉠의 크기는 얼마입니까?

㉠ = 180° − 60° − 70° = 50°

정리해 볼까요?

삼각형을 이용하여 각도 구하기

점 ㅁ에서 직선 ㄷㄹ에 수선을 그어 삼각형을 만들면 모든 각의 합이 180°이고 평행선의 수선과 선분 ㅅㅁ이 이루는 각도는 90° − 30° = 60°이고, 평행선의 수선과 선분 ㅅㅇ이 이루는 각도는 180° − 각 ㅅㅇㅈ = 180° − 110° = 70°이므로 ㉠ = 180° − 60° − 70° = 50°입니다.

첫걸음 가볍게!

직선 ㄱㄴ과 직선 ㄷㄹ이 평행할 때 각 ㉠의 크기를 구하고 설명하시오.

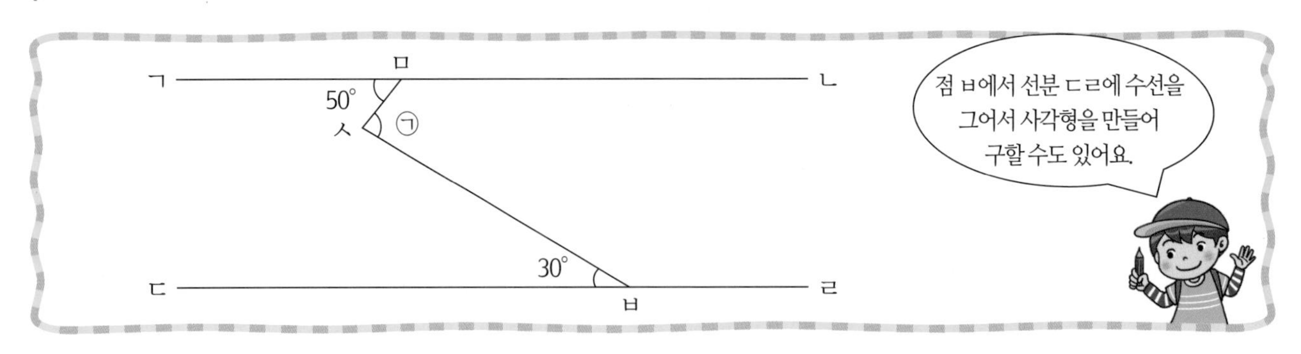

1 구하려고 하는 것은 무엇입니까? ☐

2 점 ㅁ에서 직선 ㄷㄹ에 수선을 그어보면 어떤 도형이 생기나요? ☐

3 만들어진 도형의 모든 각의 합은 얼마입니까? ☐

4 만들어진 도형의 나머지 각의 크기는 각각 얼마입니까?

① 평행선의 ☐과 ☐이 이루는 각도 = ☐

② 평행선의 ☐과 ☐이 이루는 각도 = 180° − ☐ = ☐

5 각 ㉠의 크기는 얼마입니까?

㉠ = ☐

6 각 ㉠의 크기를 구하고 설명하여 봅시다.

점 ㅁ에서 직선 ㄷㄹ에 수선을 그어 ☐을 만들면 모든 각의 합이 ☐이고, 평행선의 ☐과 ☐이 이루는 각도는 ☐이고, 평행선의 ☐과 ☐이 이루는 각도는 180° − ☐ = ☐이므로 ㉠ = ☐ 입니다.

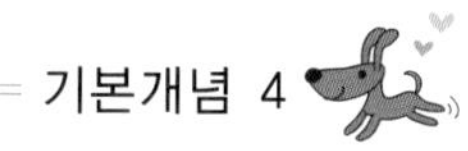

한 걸음 두 걸음!

직선 ㄱㄴ과 직선 ㄷㄹ이 평행할 때 각 ㉠의 크기를 구하고 설명하시오.

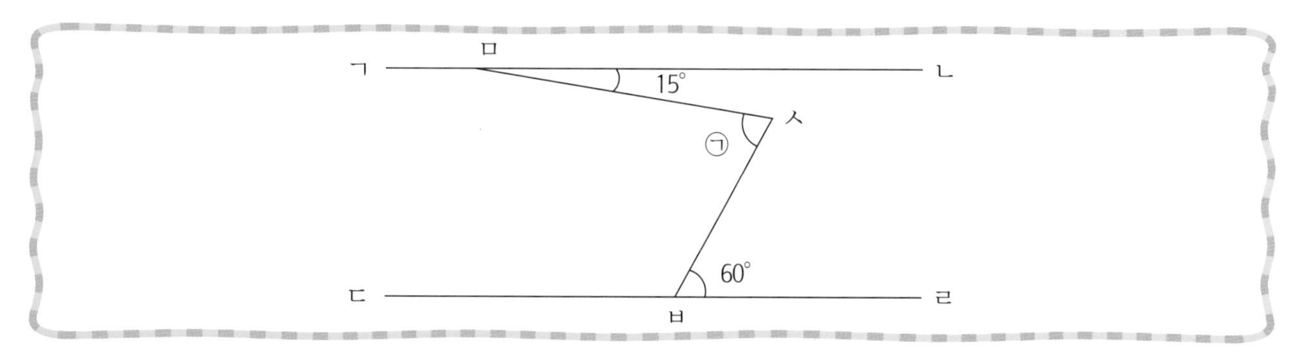

1 구하려고 하는 것은 무엇입니까? ____________________

2 점 ㅂ에서 직선 ㄱㄴ에 수선을 그어보면 어떤 도형이 생기나요? ____________________

3 만들어진 도형의 모든 각의 합은 얼마입니까? __________

4 만들어진 도형의 나머지 각의 크기는 각각 얼마입니까?

① 평행선의 ____________________

② 평행선의 ____________________

____

5 각 ㉠의 크기는 얼마입니까?

㉠ = ____________________

6 각 ㉠의 크기를 구하고 설명하여 봅시다.

점 ㅂ에서 직선 ㄱㄴ에 수선을 그이 ____________________

직선 ㄱㄴ과 직선 ㄷㄹ이 평행할 때 각 ㉠의 크기를 구하고 설명하시오.

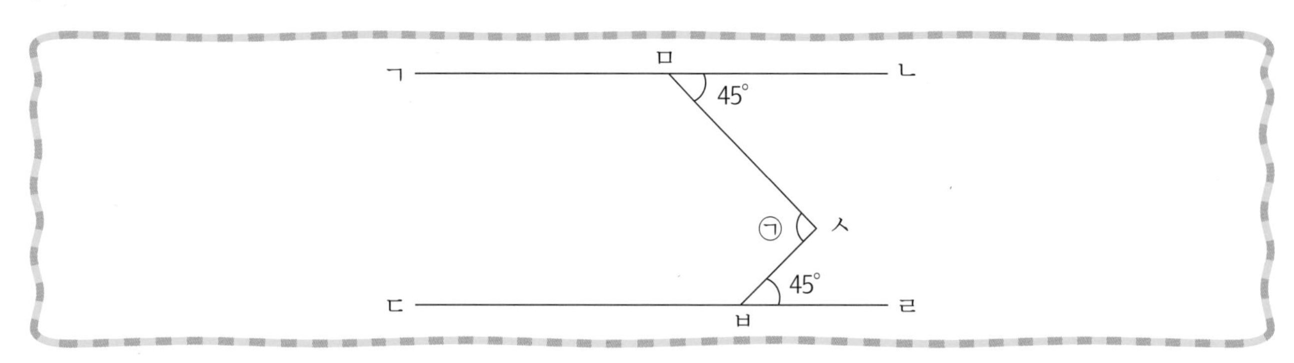

1 구하려고 하는 것은 [　　　　　]입니다.

2 점 ㅂ에서 직선 ㄱㄴ에 수선을 그어보면 [　　　　　]이 생깁니다.

3 만들어진 도형의 모든 각의 합은 [　　　　　]입니다.

4 만들어진 도형의 나머지 각의 크기는 각각 얼마입니까?

①

②

5 각 ㉠의 크기는 얼마입니까?

6 각 ㉠의 크기를 구하고 설명하여 봅시다.

실전! 서술형!

직선 ㄱㄴ과 직선 ㄷㄹ이 평행할 때 각 ㉠의 크기를 구하고 설명하시오.

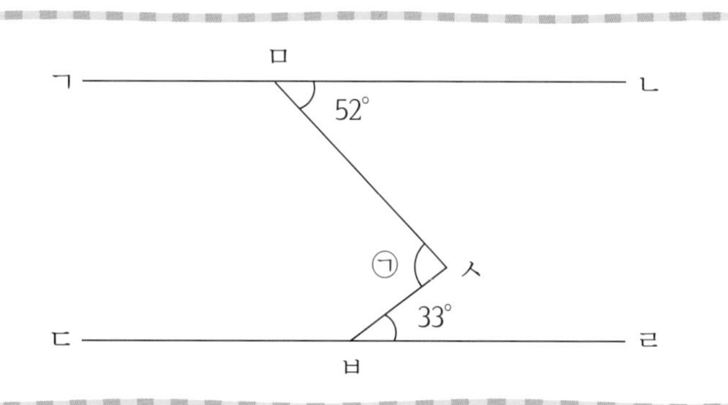

Jumping Up! 창의성!

 평행선일까요? 아닐까요?

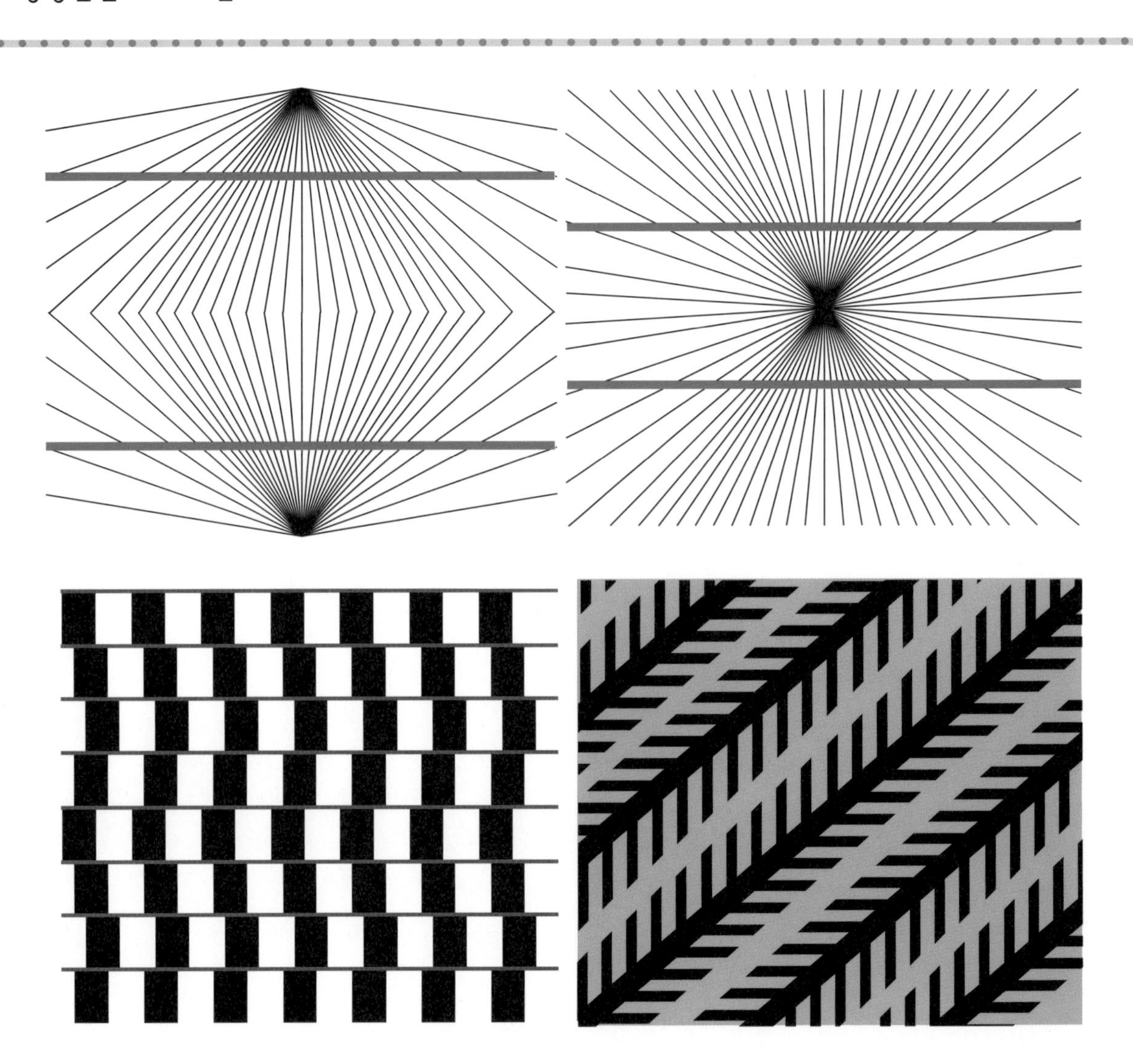

실제와 다르게 보이는 것을 착시라고 합니다. 평행선을 그어보고 평행선이 아니거나 휘어져보이게 하려면 어떻게 해야 하는지 생각해보고 자유롭게 그려봅시다.

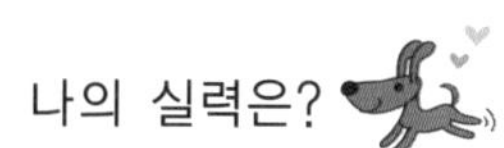

나의 실력은?

1 다음 중 직선 가에 대한 수선을 모두 찾고 이유를 설명하시오.

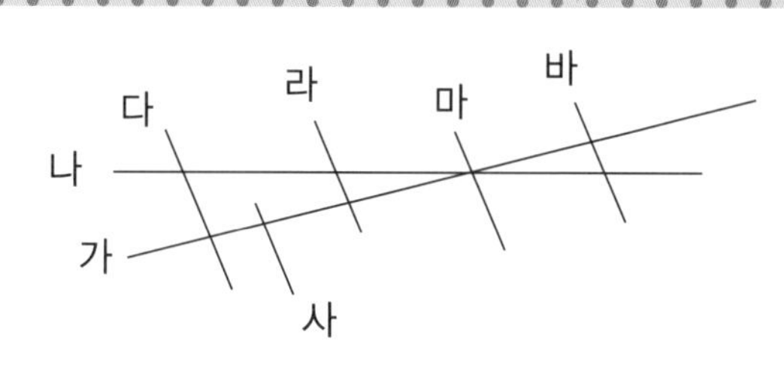

2 다음 도형에서 평행선 사이의 거리를 구하고 설명하시오.

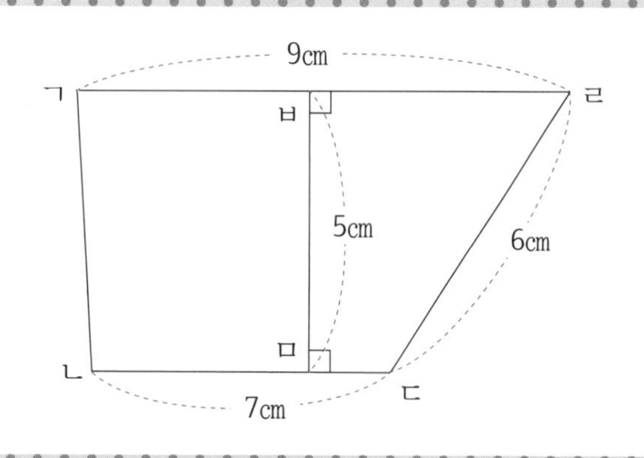

3 직선 ㄱㄴ과 직선 ㄷㄹ이 평행할 때 각 ㉠의 크기를 구하고 설명하시오.

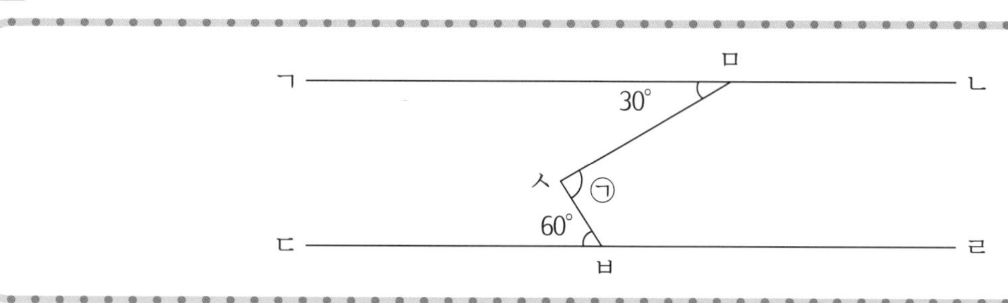

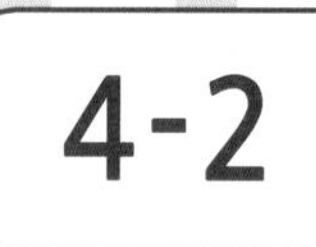
4-2

3. 다각형

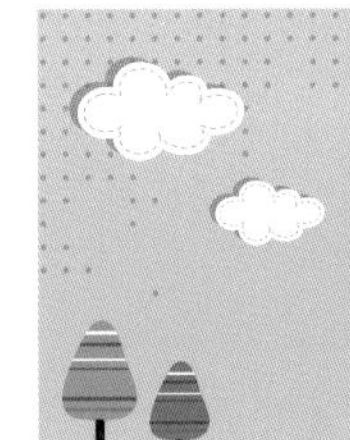

3. 다각형 (기본개념 1)

개념 쏙쏙!

흐리게 쓴 글자를 따라 쓰며 익혀봅시다.

주어진 도형에서 사다리꼴을 모두 찾고 그 이유를 설명해보시오.

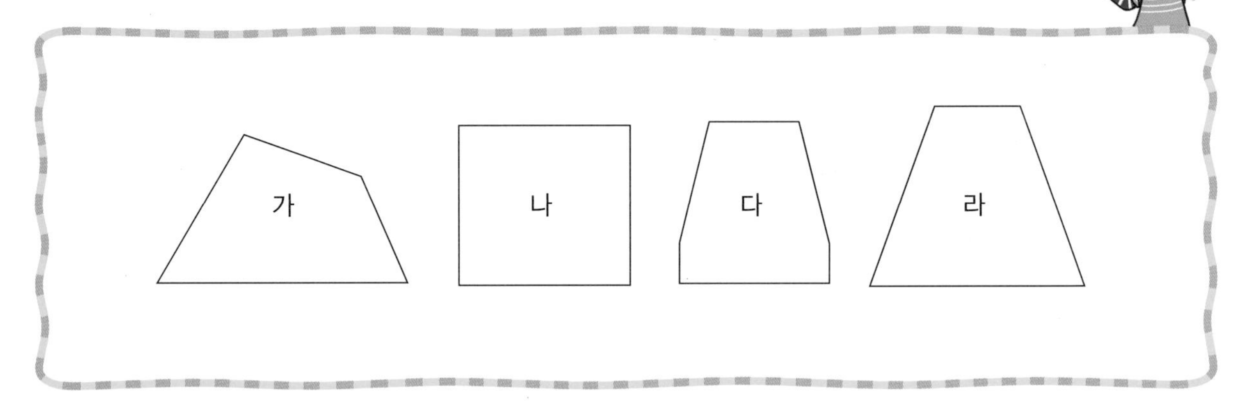

1 사다리꼴은 마주 보는 한 쌍의 변이 서로 평행한 사각형을 말합니다.

2 평행한 변이 한 쌍이라도 있는 도형은 어느 것입니까? 나, 다, 라

3 사각형인 도형은 어느 것입니까? 가, 나, 라

4 마주 보는 한 쌍의 변이 서로 평행한 사각형은 어느 것입니까? 나, 라

정리해 볼까요?

사다리꼴을 찾고 그 이유 설명하기

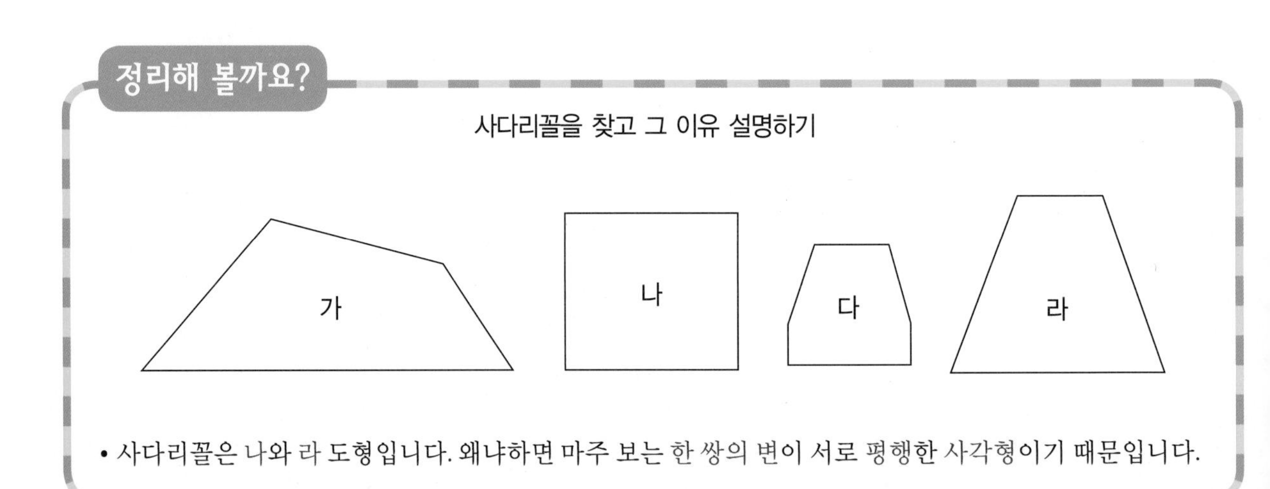

• 사다리꼴은 나와 라 도형입니다. 왜냐하면 마주 보는 한 쌍의 변이 서로 평행한 사각형이기 때문입니다.

첫걸음 가볍게!

주어진 도형에서 평행사변형을 모두 찾고 그 이유를 설명해보시오.

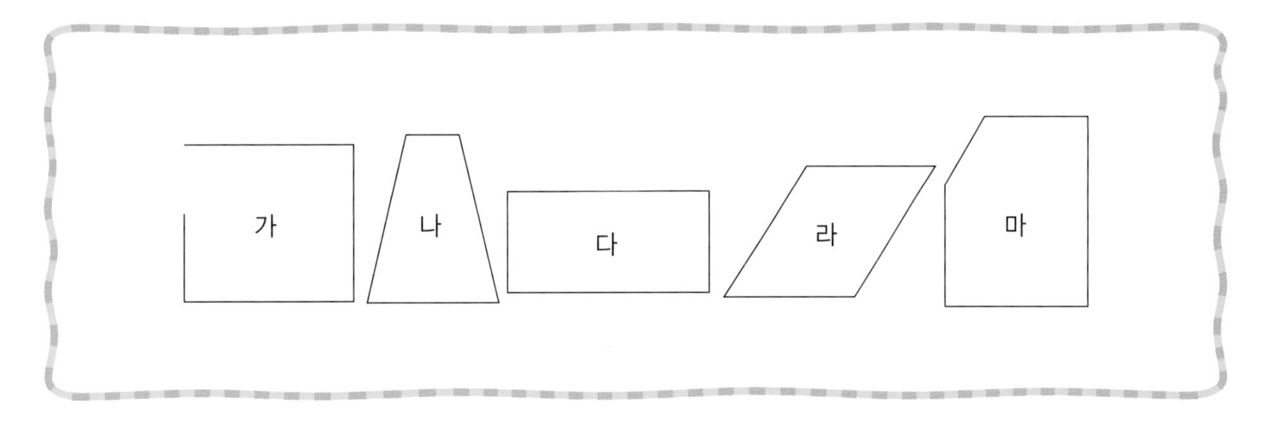

1 평행사변형은 마주 보는 ______ 이 서로 ______ 한 ______ 을 말합니다.

2 주어진 도형 중 두 쌍의 변이 평행한 도형은 어느 것입니까? ______

3 두 쌍의 변이 평행한 도형 중 사각형인 도형은 어느 것입니까? ______

4 주어진 도형에서 평행사변형을 찾고 그 이유를 설명하여 봅시다.

- 평행사변형은 ______ 도형입니다.
- 왜냐하면 마주 보는 ______ 이 서로 ______ 한 ______ 이기 때문입니다.

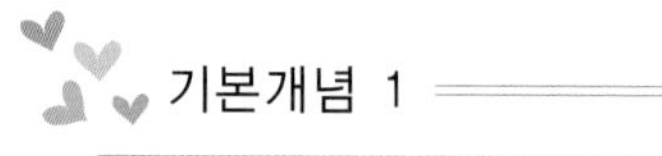

한 걸음 두 걸음!

주어진 도형에서 사다리꼴을 모두 찾고 그 이유를 설명해보시오.

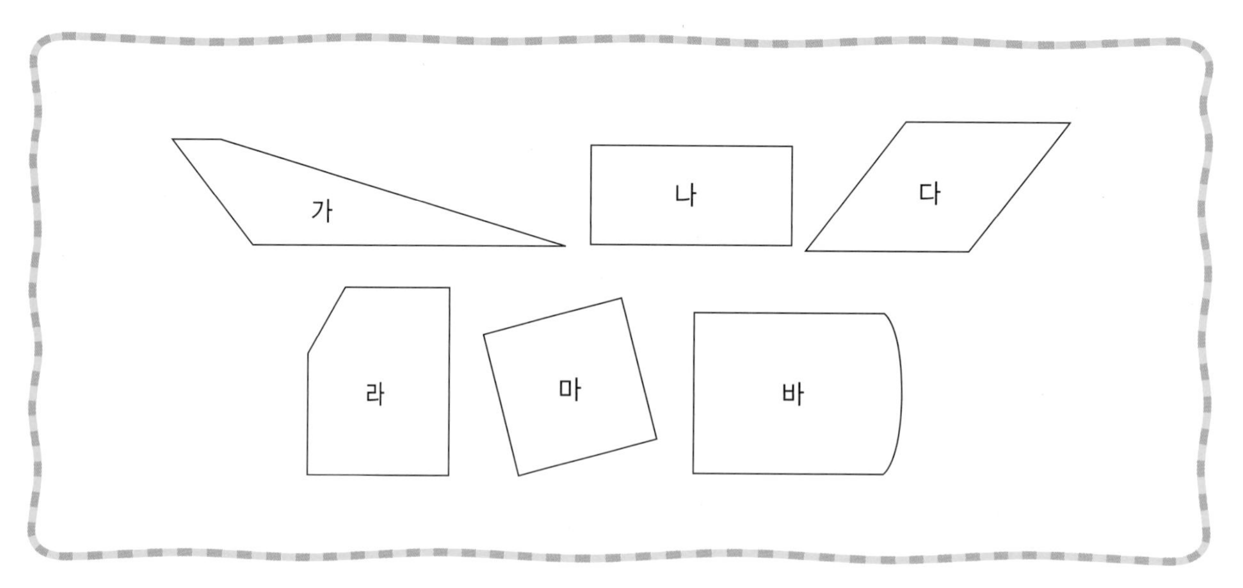

1 사다리꼴은 ____.

2 평행한 변이 한 쌍이라도 있는 도형은 ______________________ 입니다.

3 사각형인 도형은 ______________________ 입니다.

4 주어진 도형에서 사다리꼴을 찾고 그 이유를 설명하여 봅시다.

- 사다리꼴은 ______________________.
- 왜냐하면 ____

____.

주어진 도형에서 평행사변형을 모두 찾고 그 이유를 설명해보시오.

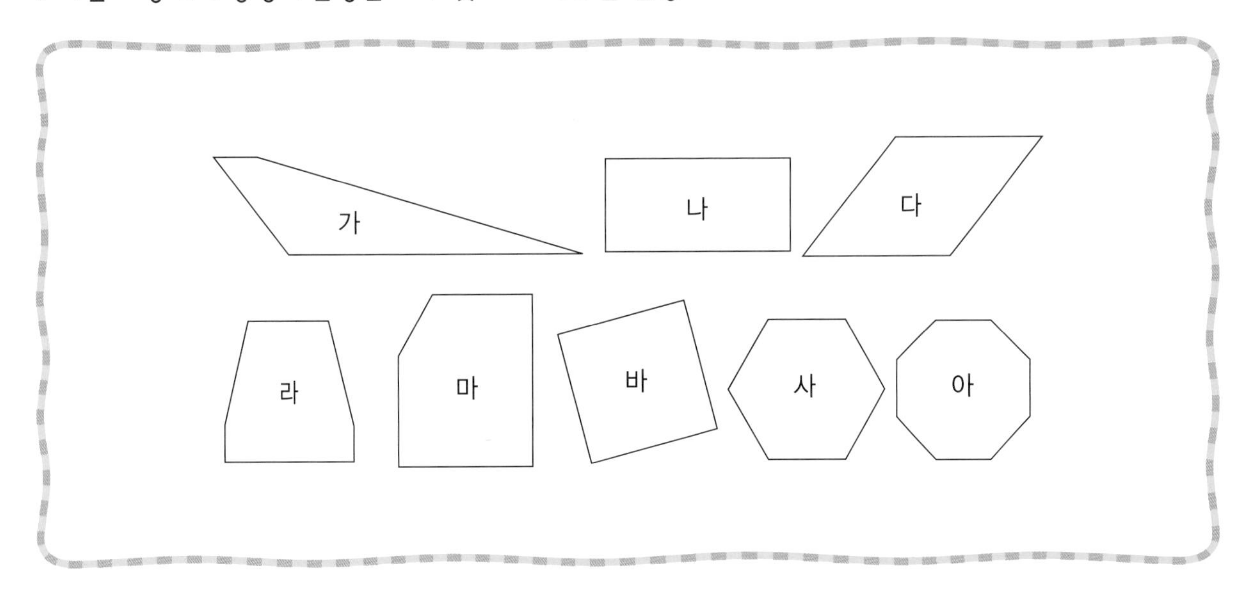

1 평행사변형에 대해 설명해 보시오.

2 주어진 도형 중 ________________________________ 입니다.

3 두 쌍의 변이 평행한 도형 중 ________________________________ 입니다.

4 주어진 도형에서 평행사변형을 찾고 그 이유를 설명하여 봅시다.

- 평행사변형은 ____________________.
- 왜냐하면 ____

____.

실전! 서술형!

주어진 도형을 보고 물음에 답하시오.

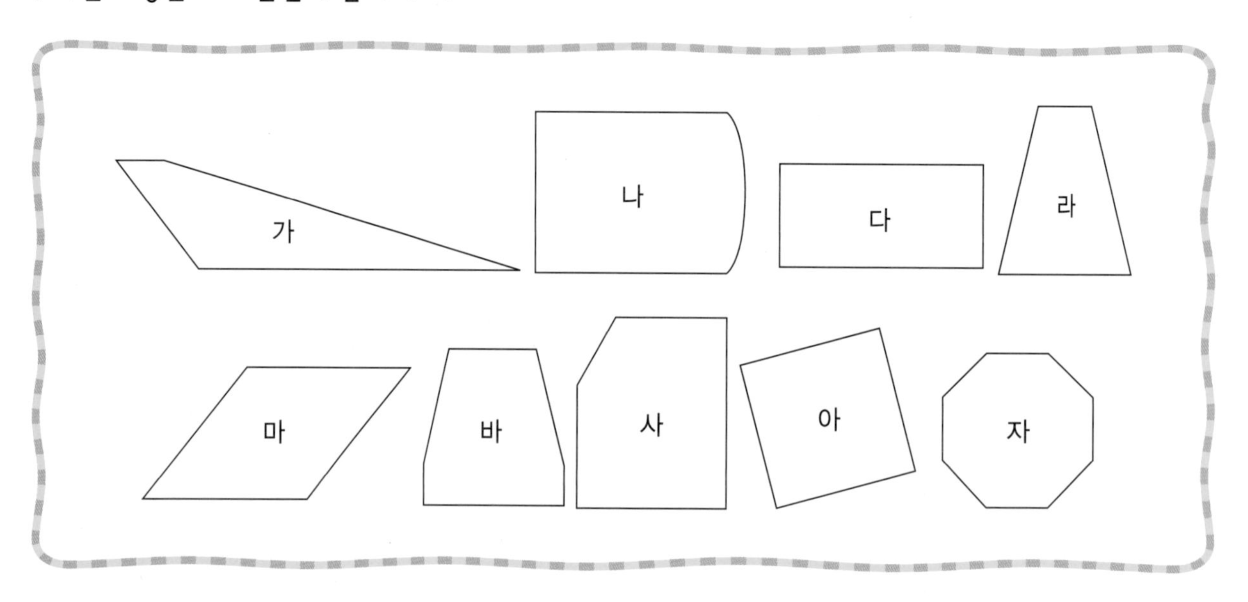

1 주어진 도형에서 사다리꼴을 모두 찾고 그 이유를 설명해보시오.

2 주어진 도형에서 평행사변형을 모두 찾고 그 이유를 설명해보시오.

3. 다각형 (기본개념 2)

개념 쏙쏙!

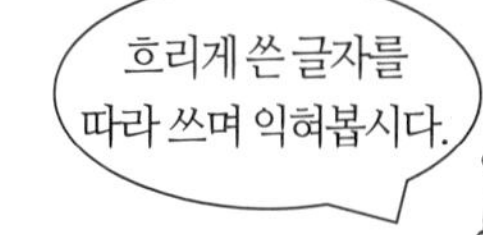

 주어진 도형에서 정다각형을 모두 찾고 그 이유를 설명해보시오.

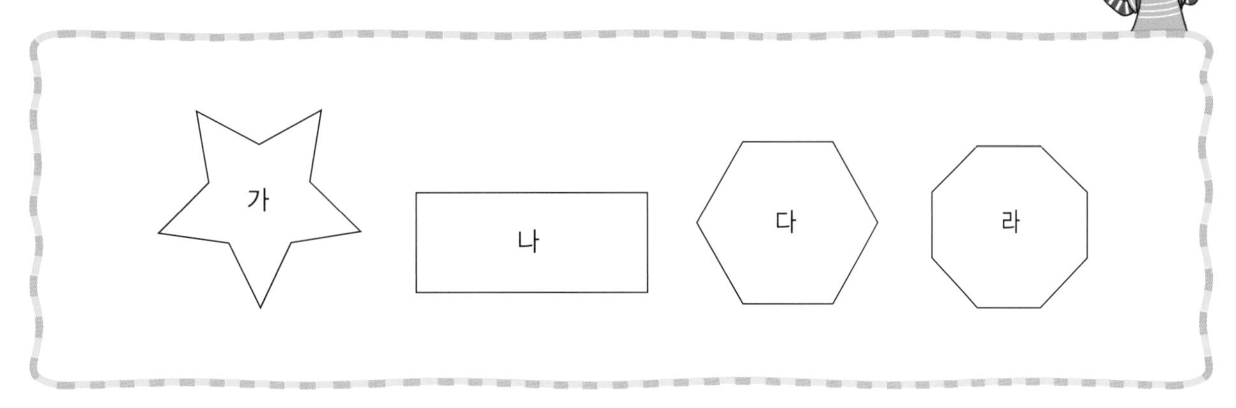

1 왼쪽 도형은 정다각형입니다. 정다각형의 특징을 살펴봅시다.

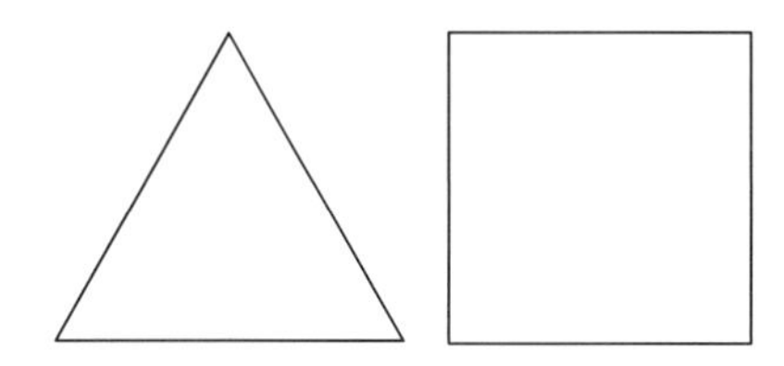

① 정다각형은 변의 길이가 모두 같습니다.

② 정다각형은 각의 크기가 모두 같습니다.

③ 정다각형은 선분으로만 둘러싸인 다각형입니다.

2 주어진 도형의 특징을 표로 정리해봅시다.

	가 도형	나 도형	다 도형	라 도형
변의 길이가 모두 같은가?	○	×	○	○
각의 크기가 모두 같은가?	×	○	○	○
다각형인가?	○	○	○	○

3 정다각형인 도형은 다와 라입니다.

정리해 볼까요?

정다각형을 찾고 그 이유 설명하기

• 정다각형은 다와 라 도형입니다. 왜냐하면 변의 길이가 모두 같고, 각의 크기가 모두 같고, 선분으로만 둘러싸인 다각형이기 때문입니다.

첫걸음 가볍게!

주어진 도형에서 정다각형을 모두 찾고 그 이유를 설명해보시오.

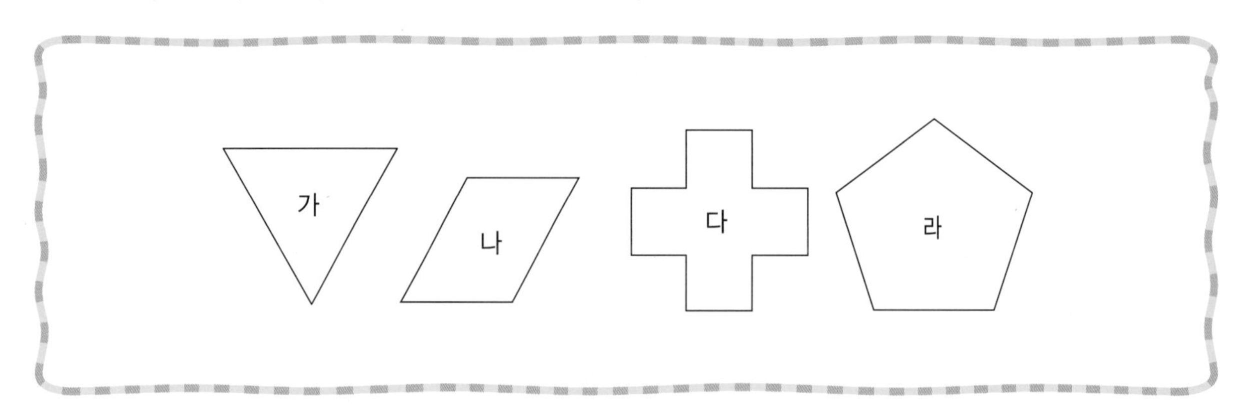

1 왼쪽 도형은 정다각형입니다. 정다각형의 특징을 살펴봅시다.

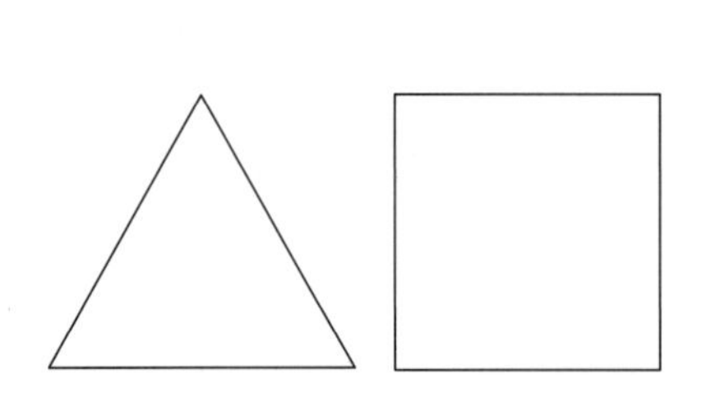

① 정다각형은 [ ]가 모두 같습니다.

② 정다각형은 [ ]가 모두 같습니다.

③ 정다각형은 [ ]으로만 둘러싸인 [ ]입니다.

2 주어진 도형의 특징을 표로 정리해봅시다.

	가 도형	나 도형	다 도형	라 도형
변의 길이가 모두 같은가?				
각의 크기가 모두 같은가?				
다각형인가?				

3 정다각형인 도형은 [ ]입니다.

4 정다각형을 찾고 그 이유를 설명하여 봅시다.

• 정다각형은 [ ]도형입니다. 왜냐하면 [ ]가 모두 같고, [ ]가 모두 같고, [ ]이기 때문입니다.

한 걸음 두 걸음!

주어진 도형에서 정다각형을 모두 찾고 그 이유를 설명해보시오.

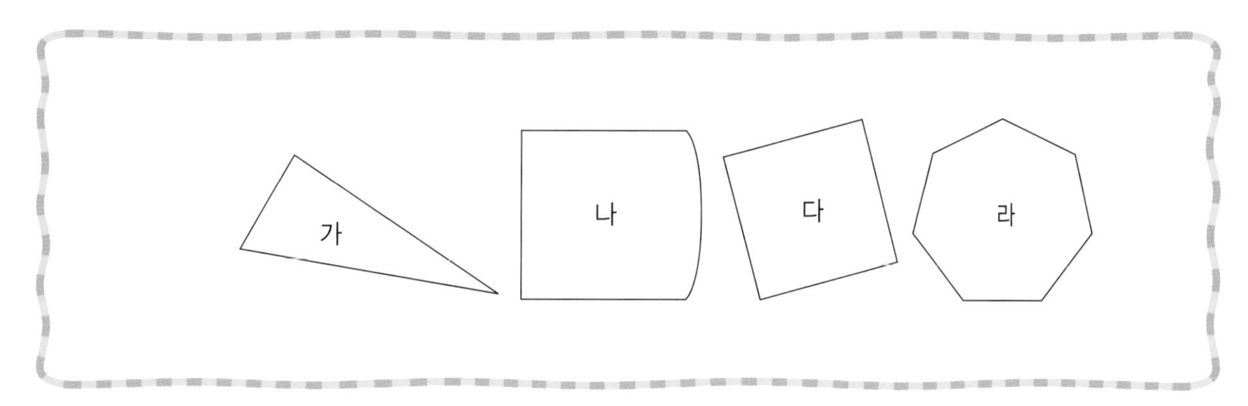

1 왼쪽 도형은 정다각형입니다. 정다각형의 특징을 살펴봅시다.

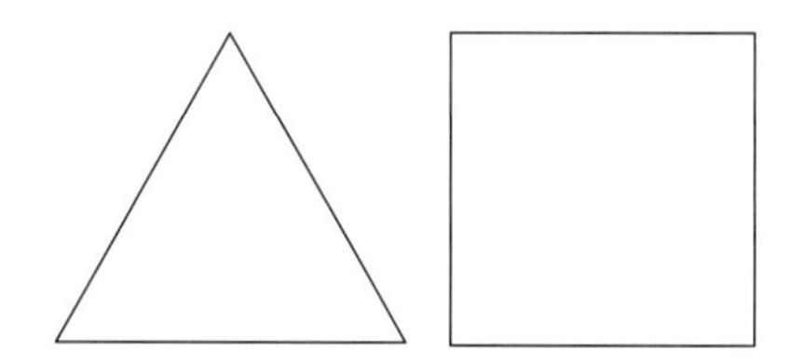

① 정다각형은 ________________.

② 정다각형은 ________________.

③ 정다각형은 ________________.

2 주어진 도형의 특징을 표로 정리해봅시다.

	가 도형	나 도형	다 도형	라 도형
________ 같은가?				
________ 같은가?				
______인가?				

3 정다각형은 ________________________.

곡선은 각이 만들어지지 않습니다.

4 정다각형을 찾고 그 이유를 설명하여 봅시다.

• 정다각형은 ________________________

________________________.

도전! 서술형!

주어진 도형에서 정다각형이 아닌 도형을 모두 찾고 그 이유를 설명해보시오.

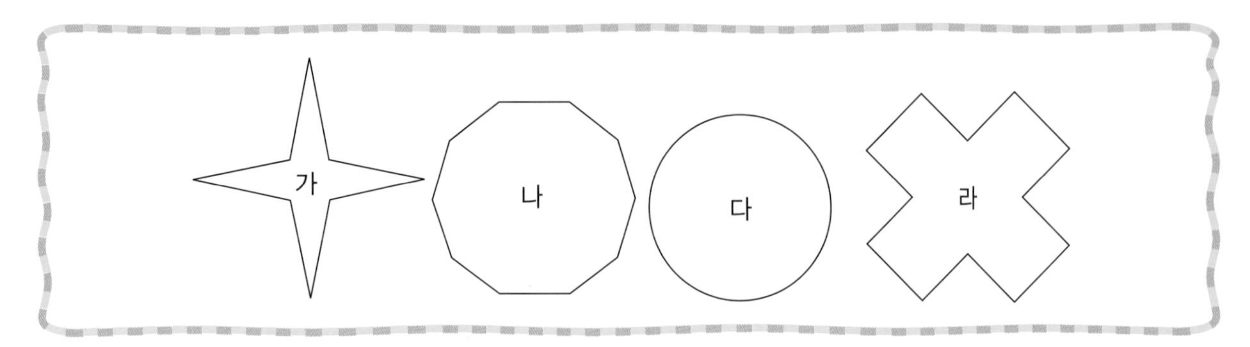

1 왼쪽 도형은 정다각형입니다. 정다각형의 특징을 살펴봅시다.

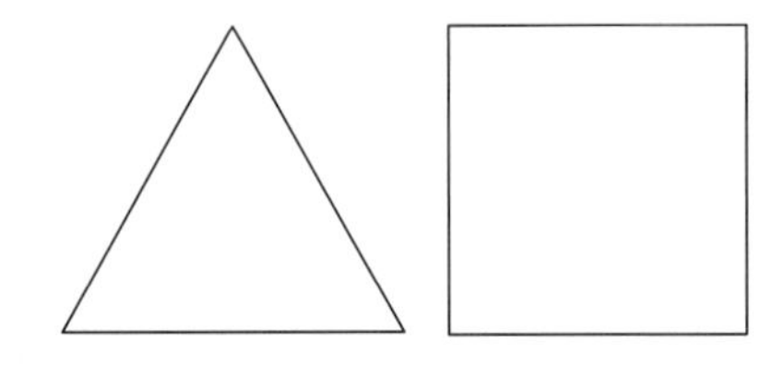

①

②

③

2 주어진 도형의 특징을 표로 정리해봅시다.

	가 도형	나 도형	다 도형	라 도형
______________ 같은가?				
______________ 같은가?				
__________ 인가?				

3 정다각형이 아닌 도형은 ______________________________.

원은 변과 각이 없습니다.

4 정다각형이 아닌 도형을 찾고 그 이유를 설명하여 봅시다.

• 정다각형이 아닌 도형은 ______________________________

____

______________________________.

실전! 서술형!

주어진 도형을 보고 물음에 답하시오.

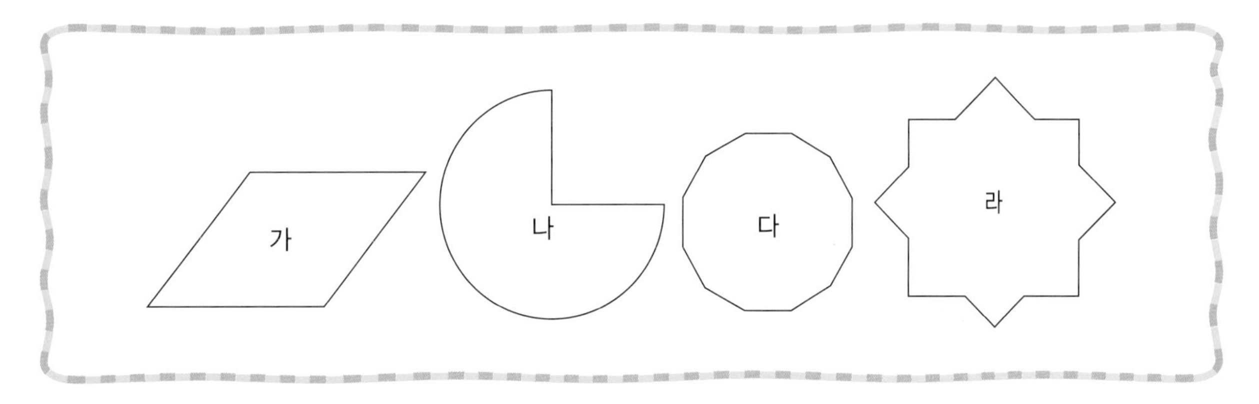

1 주어진 도형에서 정다각형을 모두 찾고 그 이유를 설명하여 봅시다.

• 정다각형은 ______________________________

____

______________________________.

2 주어진 도형에서 정다각형이 아닌 도형을 모두 찾고 그 이유를 설명하여 봅시다.

• 정다각형이 아닌 도형은 ______________________________

____

____

______________________________.

3. 다각형 (기본개념 3)

개념 쏙쏙!

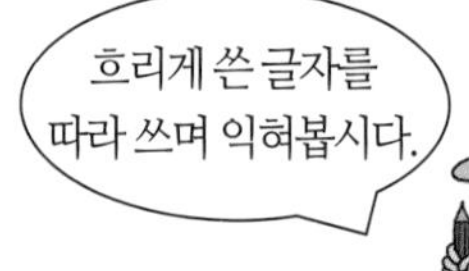

다음 도형은 평행사변형입니다. 삼각형 ㄷㄹㅁ의 세 변의 길이의 합을 구하고 방법을 설명하시오.

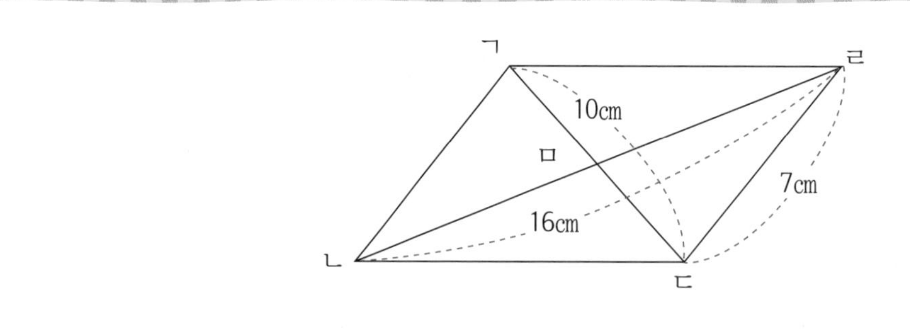

1 선분 ㄹㅁ의 길이를 알아봅시다.

평행사변형은 한 대각선이 다른 대각선을 이등분하므로 선분 ㄹㅁ = 선분 ㄴㅁ = 16cm ÷ 2 = 8cm입니다.

2 선분 ㄷㅁ의 길이를 알아봅시다.

평행사변형은 한 대각선이 다른 대각선을 이등분하므로 선분 ㄷㅁ = 선분 ㄱㅁ = 10cm ÷ 2 = 5cm입니다.

3 삼각형 ㄷㄹㅁ의 세 변의 길이의 합을 알아봅시다.

선분 ㄷㄹ + 선분 ㄹㅁ + 선분 ㄷㅁ = 7cm + 8cm + 5cm = 20cm

정리해 볼까요?

대각선의 성질을 이용하여 변의 길이 구하기

- 평행사변형은 한 대각선이 다른 대각선을 이등분하므로
- 선분 ㄹㅁ = 선분 ㄴㅁ=16cm ÷ 2 = 8cm이고,
- 선분 ㄷㅁ = 선분 ㄱㅁ = 10cm ÷ 2 = 5cm입니다.
- 그러므로 삼각형 ㄷㄹㅁ의 세 변의 길이의 합은 7cm + 8cm + 5cm = 20cm입니다.

다음 도형은 평행사변형입니다. 삼각형 ㄷㄹㅁ의 세 변의 길이의 합을 구하고 방법을 설명하시오.

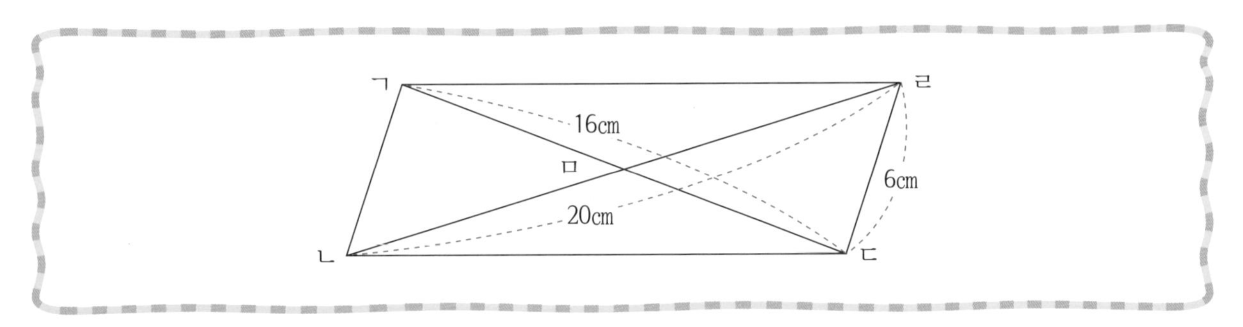

1 선분 ㄹㅁ의 길이를 알아봅시다.

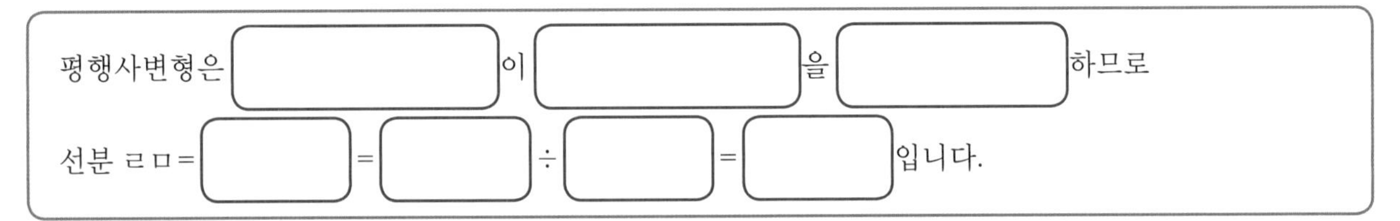

2 선분 ㄷㅁ의 길이를 알아봅시다.

평행사변형은 ☐이 ☐을 ☐하므로

선분 ㄷㅁ= ☐ = ☐ ÷ ☐ = ☐ 입니다.

3 삼각형 ㄷㄹㅁ의 세 변의 길이의 합을 알아봅시다.

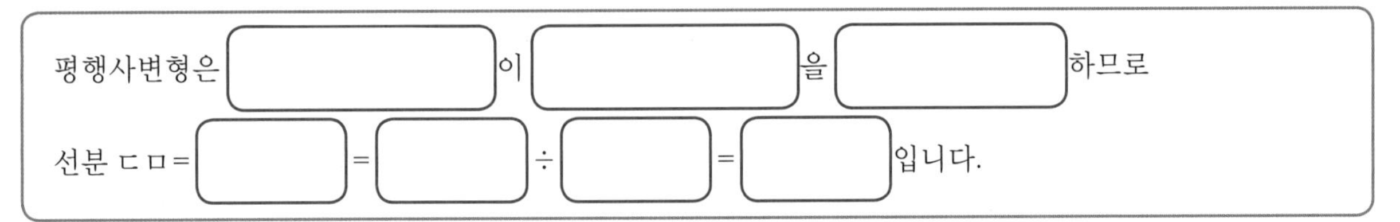

4 삼각형 ㄷㄹㅁ의 세 변의 길이의 합을 구하고 방법을 설명하여 봅시다.

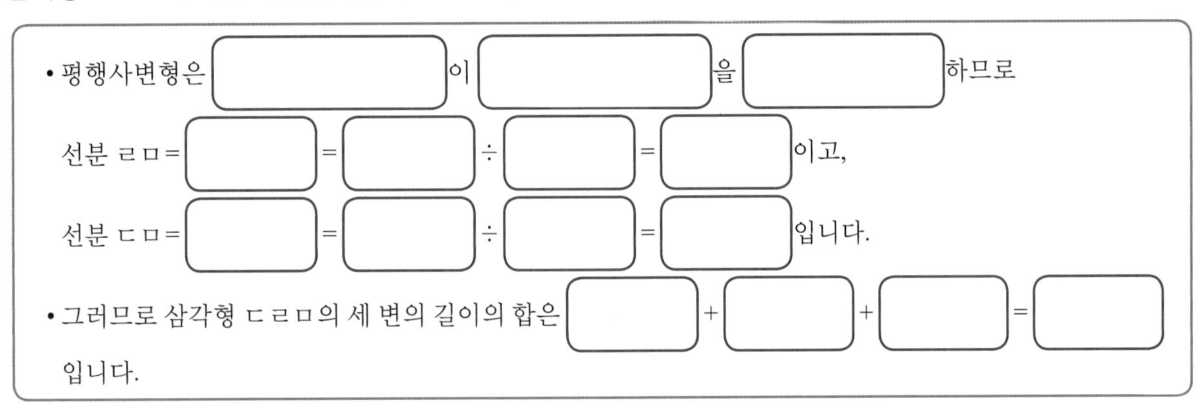

한 걸음 두 걸음!

다음 도형은 마름모입니다. 네 변의 길이의 합이 40 cm일 때, 삼각형 ㄱㄴㅁ의 세 변의 길이의 합을 구하고 방법을 설명하시오.

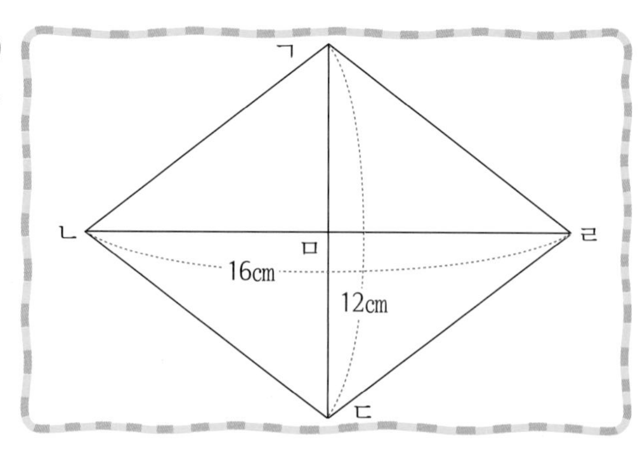

1 변 ㄱㄴ의 길이는 얼마입니까?

마름모는 네 변의 길이가 모두 ____________ 때문에

변 ㄱㄴ= ☐ ÷ ☐ = ☐

2 선분 ㄱㅁ의 길이를 알아봅시다.

마름모는 ______________________________ 하므로

선분 ㄱㅁ= ______________________ 입니다.

3 선분 ㄴㅁ의 길이를 알아봅시다.

마름모는 ______________________________ 하므로

선분 ㄴㅁ= ______________________ 입니다.

4 삼각형 ㄱㄴㅁ의 세 변의 길이의 합을 알아봅시다.

선분 ㄱㄴ+선분 ㄱㅁ+선분 ㄴㅁ= ______________________

5 삼각형 ㄱㄴㅁ의 세 변의 길이를 구하고 설명하여 봅시다.

- 마름모는 네 변의 길이가 모두 같으므로 변 ㄱㄴ= ______________________ 입니다.
- 마름모는 ______________________ 하므로
- 선분 ㄱㅁ= ______________________ 이고,
- 선분 ㄴㅁ= ______________________ 입니다.
- 그러므로 삼각형 ㄱㄴㅁ의 세 변의 길이의 합은 ______________________ 입니다.

도전! 서술형!

다음 도형은 직사각형입니다. 삼각형 ㄴㄷㅁ의 세 변의 길이의 합을 구하고 방법을 설명하시오.

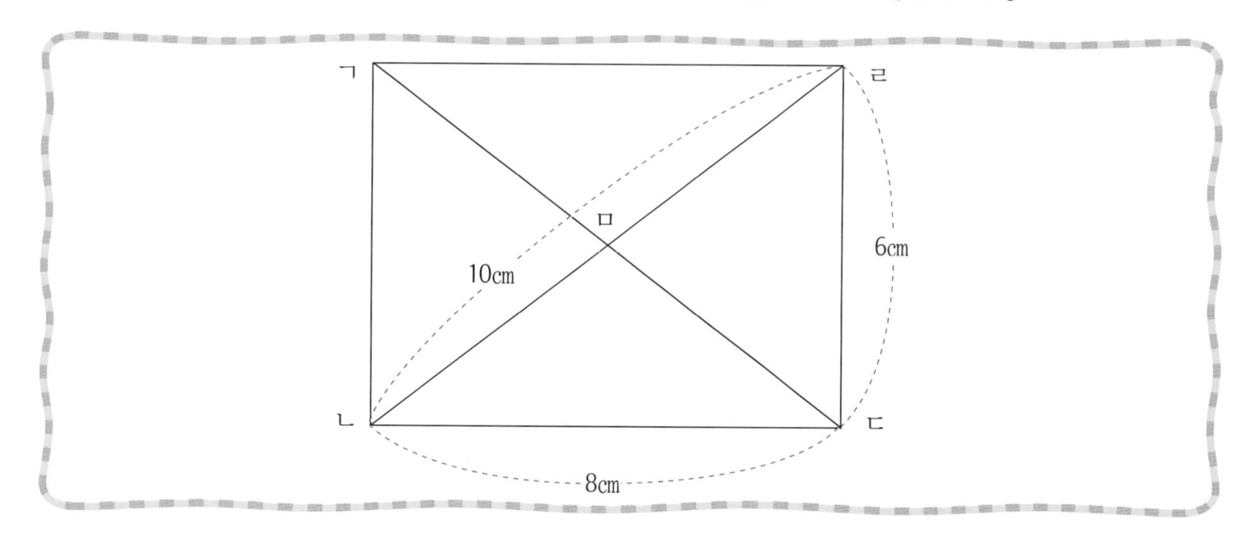

1 직사각형의 두 대각선의 길이는 (같으므로, 다르므로), 선분 ㄱㄷ과 선분 ㄴㄹ의 길이는 (같습니다, 다릅니다).

2 선분 ㄷㅁ의 길이를 알아봅시다.

직사각형은 ______________________________ 하므로

선분 ㄷㅁ= ______________________ 입니다.

3 선분 ㄴㅁ의 길이를 알아봅시다.

직사각형은 ______________________________ 하므로

선분 ㄴㅁ= ______________________ 입니다.

4 삼각형 ㄴㄷㅁ의 세 변의 길이의 합을 알아봅시다.

5 삼각형 ㄴㄷㅁ의 세 변의 길이를 구하고 설명하여 봅시다.

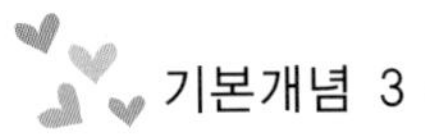

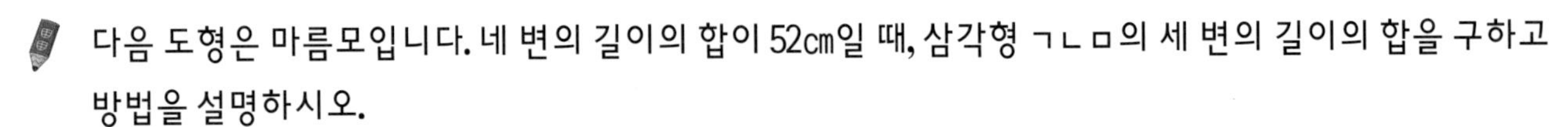

실전! 서술형!

다음 도형은 마름모입니다. 네 변의 길이의 합이 52㎝일 때, 삼각형 ㄱㄴㅁ의 세 변의 길이의 합을 구하고 방법을 설명하시오.

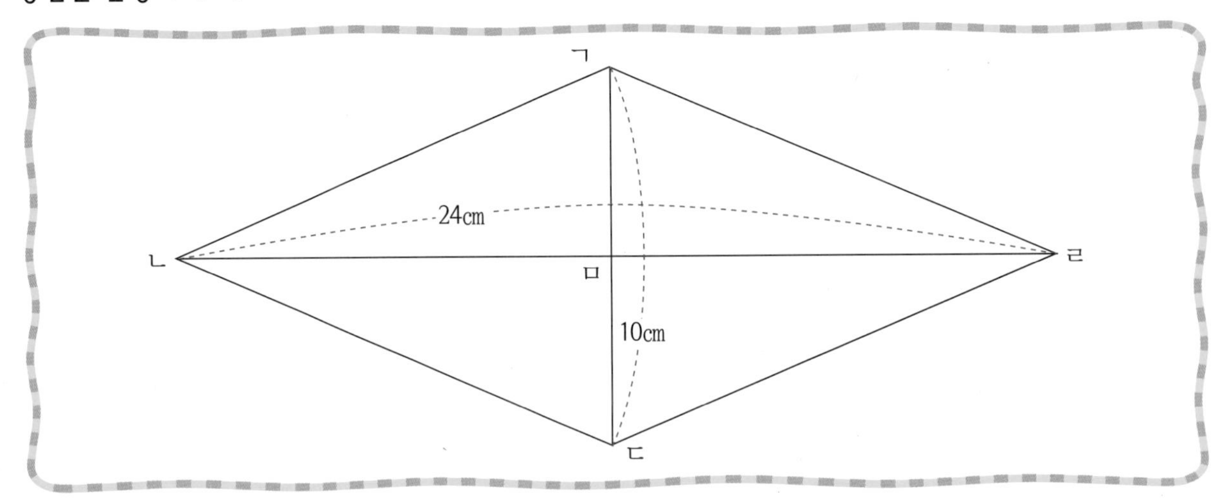

Jumping Up! 창의성!

색종이로 칠교판을 만들고 7조각을 모두 사용해 다양한 방법으로 직사각형을 완성하여 봅시다.

〈 색종이로 칠교판 만들기 〉

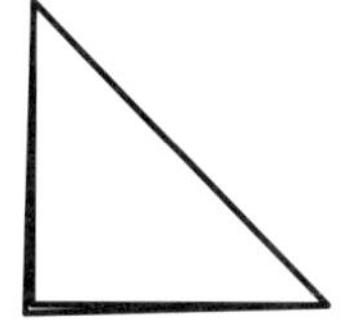

정사각형을 대각선을 따라 접는다. 자른다.

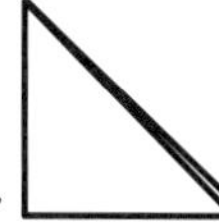

삼각형 하나를 선택한다. 반으로 접고 자른다.

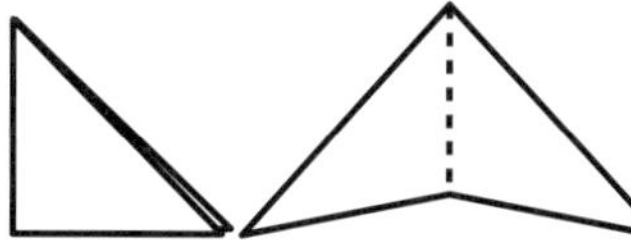
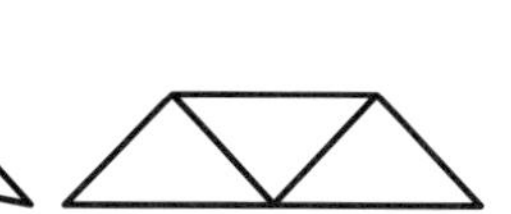
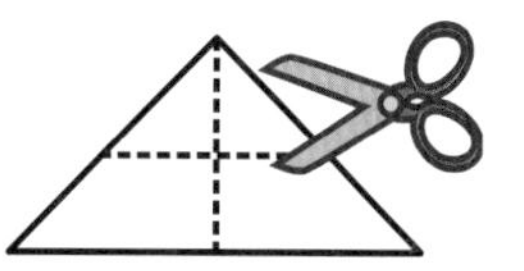

다른 삼각형을 선택한다. 두 번을 접는데, 한 번은 반으로 접고 나서 위 꼭짓점을 아래로 접는다. 자른다.

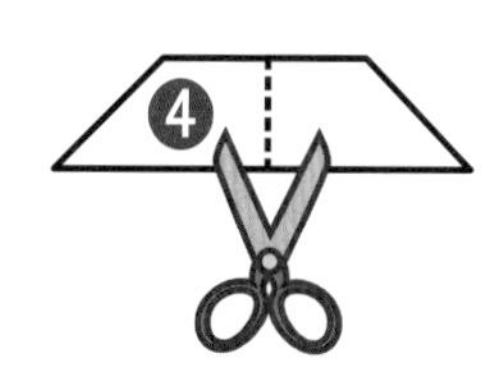

사다리꼴을 반으로 자른다.

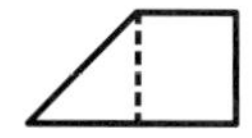

한 사다리꼴을 접어서 정사각형과 삼각형으로 만든다. 자른다.

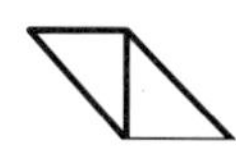
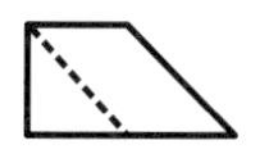

남아 있는 사다리꼴을 접어서 평행사변형과 삼각형을 만든다. 자른다.

7조각을 모두 사용하여 직사각형 만들기

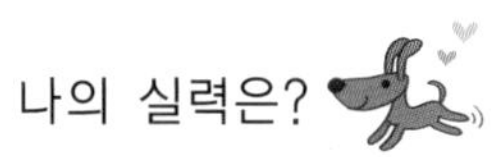

나의 실력은?

1 주어진 도형에서 사다리꼴을 모두 찾고 그 이유를 설명해보시오.

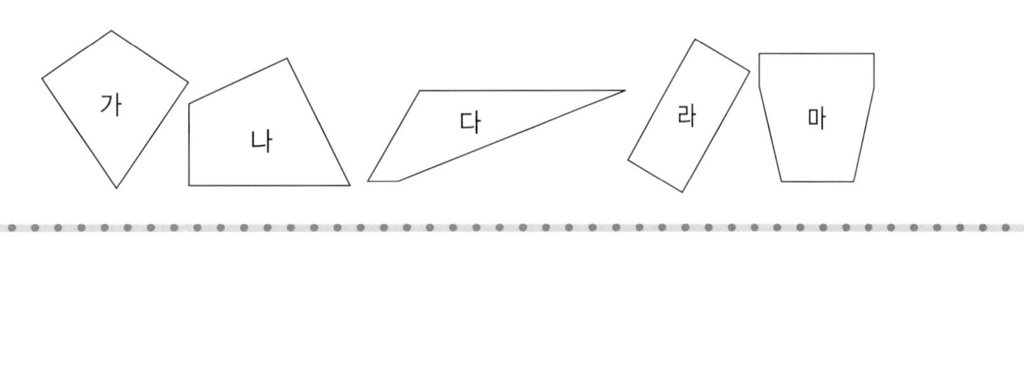

2 주어진 도형에서 정다각형이 아닌 도형을 모두 찾고 그 이유를 설명해보시오.

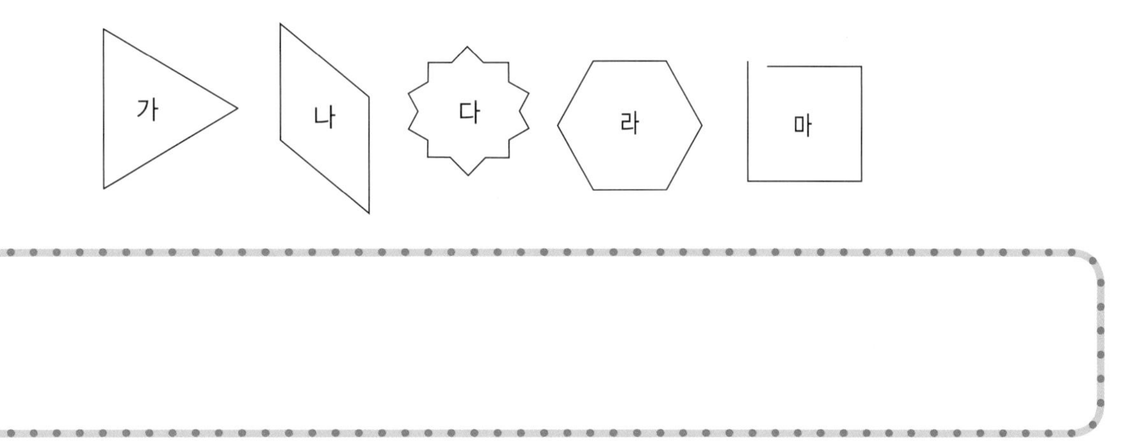

3 다음 도형은 평행사변형입니다. 삼각형 ㄷㄹㅁ의 세 변의 길이의 합을 구하고 방법을 설명하시오.

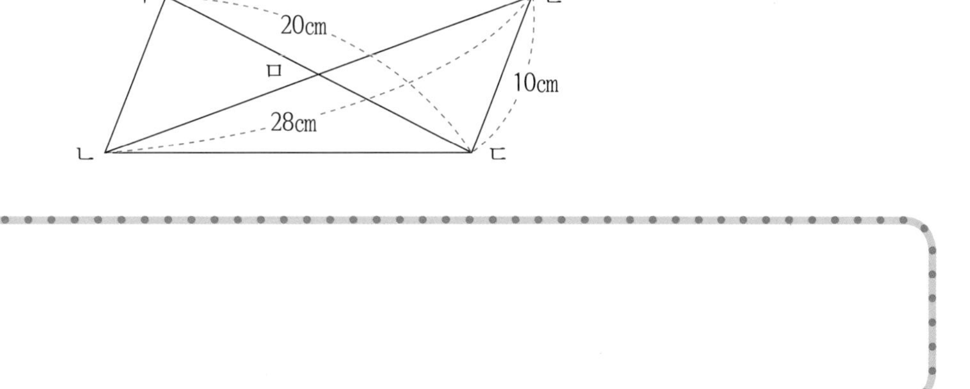

4. 어림하기

4. 어림하기 (기본개념 1)

개념 쏙쏙!

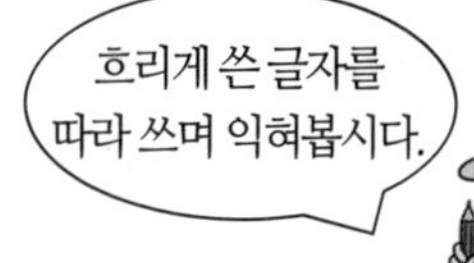

선민이와 친구들의 키를 나타낸 표입니다. 키가 145㎝ 이상 150㎝ 이하인 학생은 모두 몇 명인지 구하고, 그 과정을 설명하시오.

선민이와 친구들의 키

이름	키(㎝)	이름	키(㎝)
희준	145	정원	151
선민	153	아람	149
현진	143	연우	147
민호	148	동현	150

1 이상과 이하의 뜻을 알아봅시다.

① 145 이상인 수는 145보다 [크거나 같은] 수입니다.

② 150 이하인 수는 150보다 [작거나 같은] 수입니다.

③ 145 이상 150 이하인 수는 [145보다 크거나 같고 150보다 작거나 같은] 수입니다.

2 145 이상 150 이하 수의 범위를 수직선에 나타내어 봅시다.

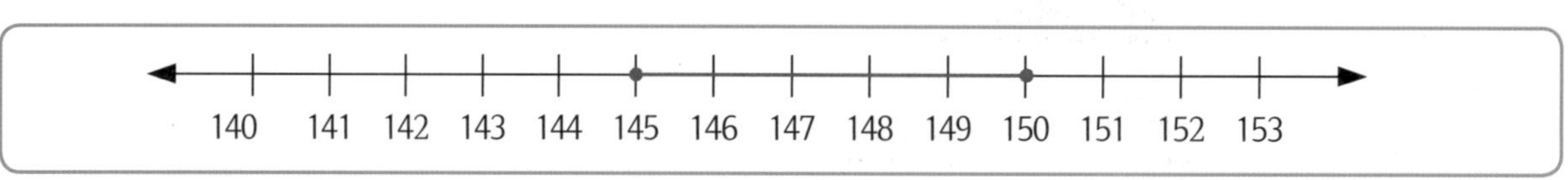

3 키가 145㎝ 이상 150㎝ 이하인 학생은 희준(145㎝), 민호(148㎝), 아람(149㎝), 연우(147㎝), 동현(150㎝)이므로 모두 [　　] 명입니다.

정리해 볼까요?

키가 145㎝ 이상 150㎝ 이하인 학생 수 구하기

145 이상 150 이하인 수는 145보다 크거나 같고 150보다 작거나 같은 수입니다. 따라서 키가 145㎝ 이상 150㎝ 이하인 학생은 희준, 민호, 아람, 연우, 동현이이므로 모두 5명입니다.

첫걸음 가볍게!

올림픽에서 획득한 국가별 금메달 개수를 나타낸 표입니다. 금메달이 20개 초과 35개 미만인 나라는 모두 몇 개국인지 구하고, 그 과정을 설명하시오.

국가별 금메달 개수

나라	금메달 수(개)	나라	금메달 수(개)	나라	금메달 수(개)
대한민국	15	중국	35	일본	9
호주	14	러시아	23	미국	32
영국	20	이탈리아	8	독일	16

1 초과와 미만의 뜻을 알아봅시다.

① 20 초과인 수는 20보다 [ ] 수입니다.

② 35 미만인 수는 35보다 [ ] 수입니다.

③ 20 초과 35 미만인 수는 [ ] 수입니다.

2 20 초과 35 미만인 수의 범위를 수직선에 나타내어 봅시다.

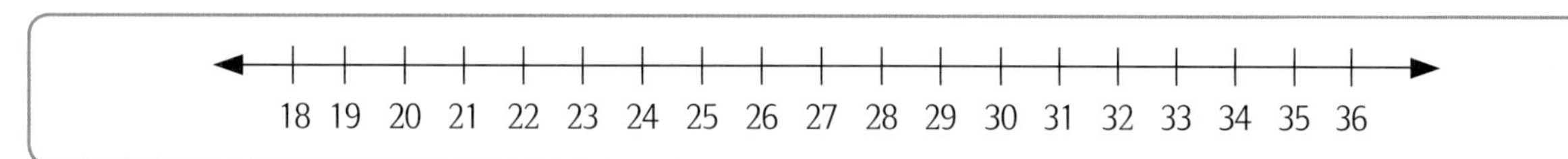

3 금메달이 20개 초과 35개 미만인 나라는 몇 개국인지 구하여 봅시다.

20 초과 35 미만인 수는 [ ] 수입니다. 따라서 금메달이 20개 초과 35개 미만인 나라는 [ ] 이므로 모두 [ ] 개국입니다.

한 걸음 두 걸음!

진우네 반 친구들의 제자리멀리뛰기 기록과 급수를 나타낸 표입니다. 상을 받는 학생은 모두 몇 명인지 구하고, 그 과정을 설명하시오.

제자리멀리뛰기 기록

이름	거리(cm)	이름	거리(cm)
진우	97	수윤	77
선정	85	경민	84
승현	82	기범	88
유경	80	효진	58
남혁	64	태민	94

제자리멀리뛰기 급수

급수	거리(cm)	상
1	95 초과	최우수상
2	85 초과 95 이하	우수상
3	75 초과 85 이하	
4	65 초과 75 이하	
5	65 이하	

1 95 초과인 수는 ______

최우수상을 받는 학생은 ______

2 85 초과 95 이하인 수는 ______

우수상을 받는 학생은 ______

3 상을 받는 학생은 모두 [ ] 명입니다.

도전! 서술형!

11월 평균 점수가 6월 평균 점수보다 오른 학생들에게 노력상을 주려고 합니다. 지은이네 반에서 최우수상, 우수상, 장려상을 받은 학생은 각각 몇 명인지 구하고, 그 과정을 설명하시오.

지은이네 반 시험 평균 점수

이름	6월 평균 점수	11월 평균 점수	이름	6월 평균 점수	11월 평균 점수	이름	6월 평균 점수	11월 평균 점수
지은	82	85	수빈	84	80	남준	74	88
영진	80	92	한빈	76	75	창대	92	97
솔지	90	87	신영	89	95	우주	88	87

노력상 등급

오른 평균 점수	상
10점 이상	최우수상
5점 이상 10점 미만	우수상
0점 이상 5점 미만	장려상

1 점수가 오른 학생과 오른 점수를 각각 구하여 봅시다.

2 최우수상, 우수상, 장려상을 받는 학생은 각각 몇 명인지 구하여 봅시다.

실전! 서술형!

키에 따라 탈 수 있는 놀이 기구의 이름과 기준입니다. 민우네 가족이 모두 탈 수 있는 놀이 기구를 쓰고, 그 과정을 설명하시오.

키에 따라 탈 수 있는 놀이 기구

놀이 기구	기준
청룡 열차	키 130cm 초과: 탈 수 있음.
바이킹	키 120cm 미만: 탈 수 없음.
하늘 자전거	키 110cm 이하: 탈 수 없음.
회전목마	키 100cm 이하: 보호자와 함께 탈 수 있음.
꼬마 비행기	키 100cm 이상 130cm 미만: 탈 수 있음.

민우네 가족의 키

가족	키(cm)
아버지	172
어머니	158
민우	139
동생	116

이상, 이하, 초과, 미만의 뜻을 잘 생각하고 풀어야 해.

4. 어림하기 (기본개념 2)

개념 쏙쏙!

흐리게 쓴 글자를
따라 쓰며 익혀봅시다.

지영이네 학교의 4학년 학생들이 현장체험학습을 가려면 정원이 45명인 버스 5대가 필요하다고 합니다. 지영이네 학교 4학년 학생들은 몇 명 이상 몇 명 이하인지 구하고, 그 과정을 설명하시오.

1 지영이네 학교의 4학년 학생 수를 어림하여 봅시다.

4학년 학생 수는 버스 4대에 탈 수 있는 학생 수보다 [많고],

버스 5대에 탈 수 있는 학생 수보다 [적거나 같습니다].

2 버스 4대와 5대에 탈 수 있는 학생 수를 각각 구하여 봅시다.

① 버스 4대에 탈 수 있는 학생 수는 $45 \times 4 =$ [ ](명)입니다.

② 버스 5대에 탈 수 있는 학생 수는 $45 \times 5 =$ [ ](명)입니다.

3 지영이네 학교의 4학년 학생 수의 범위는 [ ]명 이상 [ ]명 이하입니다.

정리해 볼까요?

이상과 이하를 사용하여 4학년 학생 수의 범위 나타내기

4학년 학생 수는 버스 4대에 탈 수 있는 학생 수보다 많고, 버스 5대에 탈 수 있는 학생 수보다 적거나 같습니다.

버스 4대에 탈 수 있는 학생 수는 $45 \times 4 = 180$(명)이고,

버스 5대에 탈 수 있는 학생 수는 $45 \times 5 = 225$(명)입니다.

따라서 지영이네 학교 4학년 학생 수의 범위는 181명 이상 225명 이하입니다.

첫걸음 가볍게!

한 책장에 같은 크기의 책을 80권까지 꽂을 수 있는 책장이 6개 있습니다. 책장에 책을 꽂을 수 있는 책의 권수는 몇 권 초과 몇 권 미만인지 구하고, 그 과정을 설명하시오.

1 책장에 꽂을 수 있는 책의 권수를 어림하여 봅시다.

책장에 꽂을 수 있는 책의 권수는 책장 5개에 꽂을 수 있는 권수보다 [ ],

책장 6개에 꽂을 수 있는 권수보다 [ ].

2 책장 5개와 책장 6개에 꽂을 수 있는 책의 권수를 각각 구하여 봅시다.

① 책장 5개에 꽂을 수 있는 책의 권수는 [ ](권)입니다.

② 책장 6개에 꽂을 수 있는 책의 권수는 [ ](권)입니다.

3 6개의 책장에 꽂을 수 있는 책의 권수의 범위를 초과와 미만을 이용하여 나타내고 설명해 봅시다.

책장에 꽂을 수 있는 책의 권수는 책장 5개에 꽂을 수 있는 책의 권수보다 [ ],

책장 6개에 꽂을 수 있는 책의 권수보다 [ ].

책장 5개에 꽂을 수 있는 책의 권수는 $80 \times 5 = 400$(권)이고,

책장 6개에 꽂을 수 있는 책의 권수는 $80 \times 6 = 480$(권)입니다.

따라서 책장 6개에 꽂을 수 있는 수의 범위는 [ ]권 초과 [ ]권 미만입니다.

한 걸음 두 걸음!

민수네 학교의 4학년 학생들이 건강 검진을 받으러 병원에 가려면 정원이 12명인 버스가 6대 필요합니다. 민수네 학교 4학년 학생들은 몇 명 이상 몇 명 미만인지 구하고, 그 과정을 설명하시오.

1 4학년 학생 수를 어림하여 봅시다.

4학년 학생 수는 ______________________________

____

2 버스 5대와 6대에 탈 수 있는 학생 수를 각각 구하여 봅시다.

① 버스 5대에 탈 수 있는 학생 수는 ______________________________

② 버스 6대에 탈 수 있는 학생 수는 ______________________________

3 4학년 학생 수의 범위를 이상과 미만을 이용하여 나타내어 봅시다.

민수네 학교 4학년 학생 수의 범위는 ______________________________

____

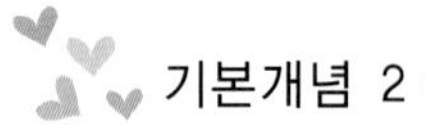

도전! 서술형!

은아네 학교의 학생들은 놀이공원에 가서 바이킹을 탔습니다. 바이킹은 한 번에 24명까지 탈 수 있고, 13번에 나누어서 모두 탔습니다. 은아네 학교의 학생은 몇 명 초과 몇 명 이하인지 구하고, 그 과정을 설명하시오.

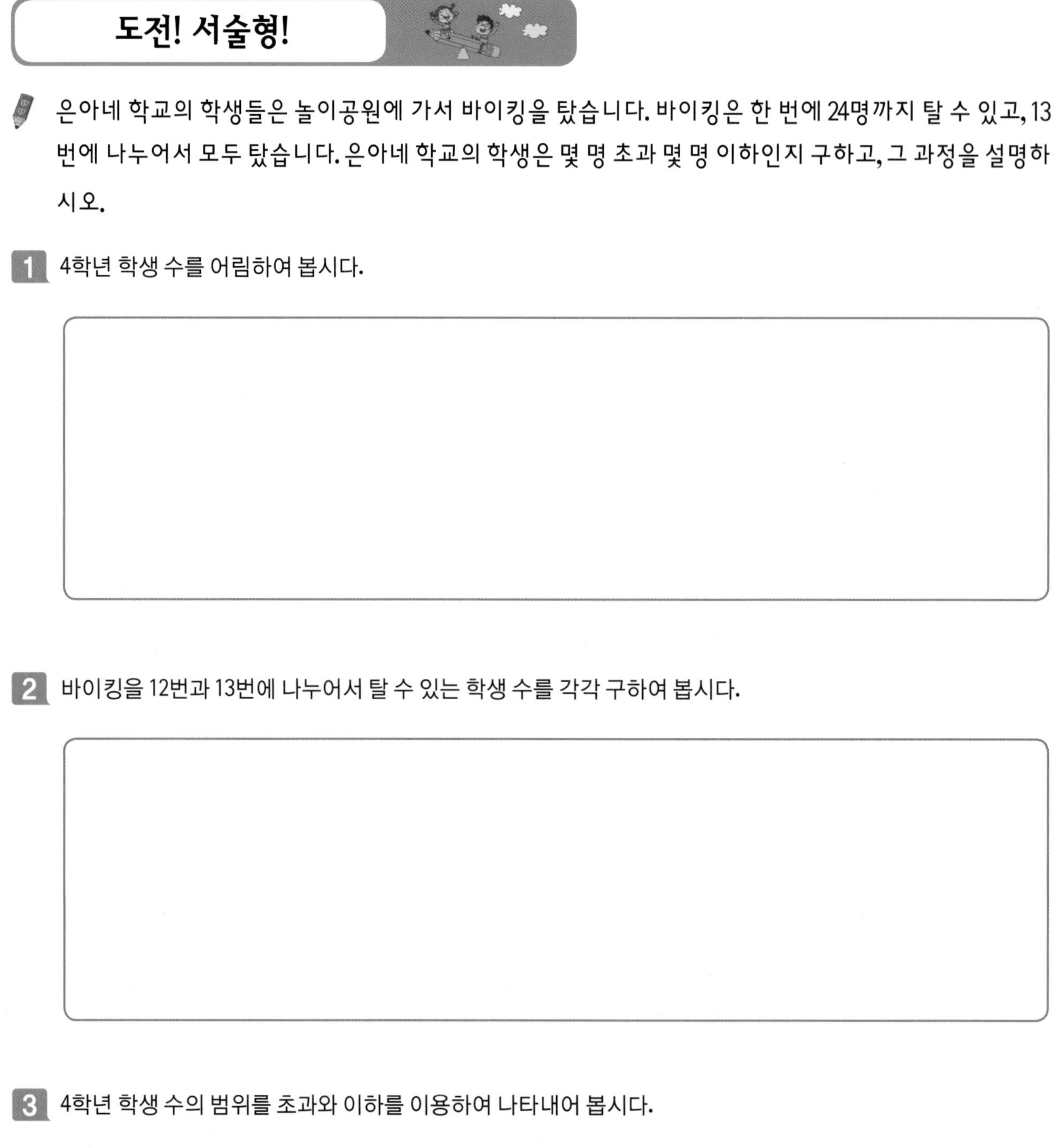

1 4학년 학생 수를 어림하여 봅시다.

2 바이킹을 12번과 13번에 나누어서 탈 수 있는 학생 수를 각각 구하여 봅시다.

3 4학년 학생 수의 범위를 초과와 이하를 이용하여 나타내어 봅시다.

실전! 서술형!

우진이네 학교의 4학년은 5반까지 있습니다. 한 반의 학생 수는 적어도 16명보다 많고 25명은 넘지 않습니다. 우진이네 학교의 4학년 학생은 몇 명 이상 몇 명 이하인지 구하고, 그 과정을 설명하시오.

이상, 이하, 초과, 미만의 뜻을 먼저 생각해 봐!

4. 어림하기 (기본개념 3)

개념 쏙쏙!

흐리게 쓴 글자를 따라 쓰며 익혀봅시다.

어떤 자연수를 일의 자리에서 올림하였더니 320이 되었습니다. 처음의 수가 될 수 있는 자연수의 범위를 이상과 이하를 사용하여 나타내고, 그 과정을 설명하시오.

1 올림하여 나타내는 방법을 알아봅시다.

318을 십의 자리까지 나타내기 위하여 일의 자리 숫자 8을 [10]으로 보고 320으로 나타낼 수 있습니다. 이와 같이 올림은 구하려는 자리 미만의 수를 [올려서] 나타내는 방법입니다.

2 일의 자리에서 올림하여 320이 되는 자연수를 찾아봅시다.

일의 자리에서 올려서 320이 되는 자연수는 [311], [312], [313], [314], [315], [316], [317], [318], [319], [320]입니다.

3 처음의 수가 될 수 있는 자연수의 범위는 [ ] 이상 [ ] 이하입니다.

정리해 볼까요?

일의 자리에서 올림하여 320이 될 수 있는 자연수의 범위 나타내기

일의 자리에서 올림하여 320이 되는 자연수는 311, 312, 313, 314, 315, 316, 317, 318, 319, 320입니다. 따라서 처음의 수가 될 수 있는 자연수의 범위는 311 이상 320 이하입니다.

첫걸음 가볍게!

어떤 자연수를 일의 자리에서 반올림하였더니 470이 되었습니다. 처음의 수가 될 수 있는 자연수의 범위를 이상과 이하를 사용하여 나타내고, 그 과정을 설명하시오.

1 반올림하여 나타내는 방법을 알아봅시다.

반올림은 구하려는 자리 바로 아래 자리의 숫자가 ☐, ☐, ☐, ☐, ☐이면 버리고, ☐, ☐, ☐, ☐, ☐이면 올려서 나타내는 방법입니다.

2 470 이하에서 반올림하여 470이 되는 자연수를 찾아봅시다.

일의 자리에서 올려서 470이 되는 자연수는 ☐, ☐, ☐, ☐, ☐입니다.

3 470 이상에서 반올림하여 470이 되는 경우를 찾아봅시다.

일의 자리에서 버려서 470이 되는 자연수는 ☐, ☐, ☐, ☐, ☐입니다.

4 일의 자리에서 반올림하여 470이 될 수 있는 자연수의 범위를 이상과 이하를 사용하여 나타내고 설명해 봅시다.

일의 자리에서 반올림하여 470이 되는 자연수는 ☐, ☐, ☐, ☐, ☐, ☐, ☐, ☐, ☐, ☐입니다. 따라서 처음의 수가 될 수 있는 자연수의 범위는 ☐이상 ☐이하입니다.

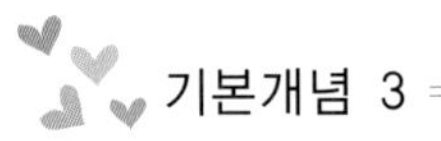

한 걸음 두 걸음!

어떤 수를 일의 자리에서 버림하였더니 530이 되었습니다. 처음의 수가 될 수 있는 자연수의 범위를 이상과 이하를 사용하여 나타내고, 그 과정을 설명하시오.

1 버림하여 나타내는 방법을 알아봅시다.

521을 십의 자리까지 나타내기 위하여 일의 자리 숫자 1을 ☐ 으로 보고 520으로 나타낼 수 있습니다.

이와 같이 버림은 구하려는 자리 미만의 수를 ☐ 나타내는 방법입니다.

2 일의 자리에서 버림하여 520이 되는 자연수를 찾아봅시다.

일의 자리에서 버려서 520이 되는 자연수는

____

____

3 처음의 수가 될 수 있는 자연수의 범위를 이상과 이하를 사용하여 나타내어 봅시다.

처음의 수가 될 수 있는 자연수의 범위는 ______________________________

____

어떤 자연수를 올림하여 십의 자리까지 나타내었더니 650이 되었습니다. 처음의 수가 될 수 있는 자연수의 범위를 이상과 이하를 사용하여 나타내고, 그 과정을 설명하시오.

1 일의 자리에서 올림하여 650이 되는 자연수를 찾아봅시다.

2 처음의 수가 될 수 있는 자연수의 범위를 이상과 이하를 사용하여 나타내어 봅시다.

실전! 서술형!

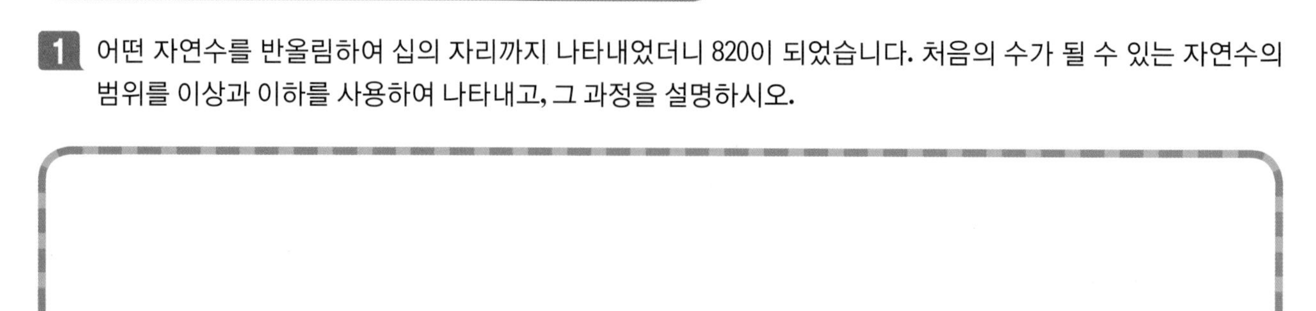

1 어떤 자연수를 반올림하여 십의 자리까지 나타내었더니 820이 되었습니다. 처음의 수가 될 수 있는 자연수의 범위를 이상과 이하를 사용하여 나타내고, 그 과정을 설명하시오.

2 어떤 자연수를 버림하여 십의 자리까지 나타내었더니 470이 되었습니다. 처음의 수가 될 수 있는 자연수의 범위를 이상과 이하를 사용하여 나타내고, 그 과정을 설명하시오.

4. 어림하기 (기본개념 4)

개념 쏙쏙!

흐리게 쓴 글자를
따라 쓰며 익혀봅시다.

가위 공장에서 가위를 2486개 생산하였습니다. 이 가위를 100개씩 상자에 넣어 포장하려고 한다면 포장할 수 있는 가위는 모두 몇 개인지 구하고, 그 과정을 설명하시오.

1 올림, 버림, 반올림 중에서 어느 방법으로 나타내어야 하는지 알아봅시다.

100개씩 상자에 넣어 포장하여야 하므로 십의 자리에서 [버림]하여 [백]의 자리까지 나타내어야 합니다.

2 포장할 수 있는 가위는 모두 몇 개인지 구하여 봅시다.

2486을 [십]의 자리에서 [ ]하여 [ ]의 자리까지 나타내면 [ ]입니다.

따라서 포장할 수 있는 가위는 모두 [ ]개입니다.

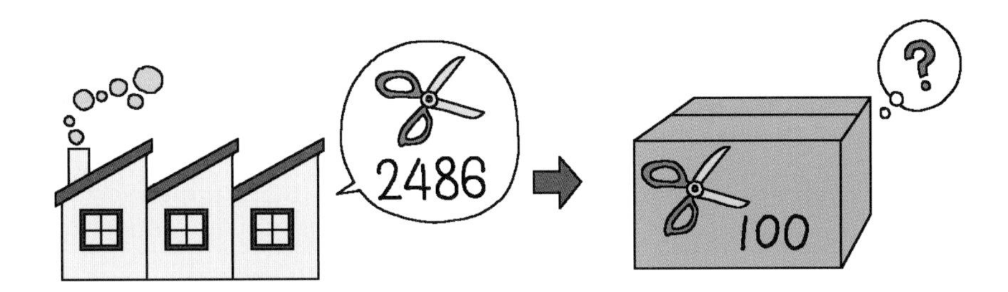

정리해 볼까요?

버림을 이용하여 포장할 수 있는 가위의 개수 구하기

100개씩 상자에 넣어 포장하여야 하므로 버림하여 백의 자리까지 나타내어야 합니다. 2486을 버림하여 백의 자리까지 나타내면 2400입니다. 따라서 포장할 수 있는 가위는 2400개입니다.

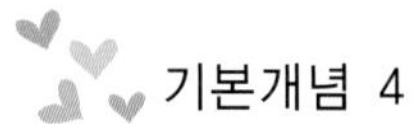

첫걸음 가볍게!

가은이는 4750원짜리 실내화를 사려고 합니다. 1000원짜리 지폐로 사려면 얼마를 내고 얼마를 거슬러 받아야 하는지 구하고, 그 과정을 설명하시오.

1 올림, 버림, 반올림 중에서 어느 방법으로 나타내어야 하는지 알아봅시다.

☐원짜리 지폐로 실내화를 사야 하므로 ☐하여 ☐의 자리까지 나타내어야 합니다.

2 1000원짜리 지폐로 얼마를 내고 얼마를 거슬러 받아야 하는지 구하여 봅시다.

① 4750을 ☐하여 ☐의 자리까지 나타내면 ☐입니다.

② ☐ - 4750 = ☐입니다. 따라서 ☐원을 거슬러 받아야 합니다.

3 4750원짜리 실내화를 1000원짜리 지폐로 사려면 얼마를 내고 얼마를 거슬러 받아야 하는지 구하고 설명해 봅시다.

☐원짜리 지폐로 실내화를 사야 하므로 4750을 ☐하여 ☐의 자리까지 나타내면 ☐입니다. 따라서 거슬러 받아야 할 돈은 ☐ - 4750 = ☐(원)입니다.

한 걸음 두 걸음!

상자 한 개를 포장하는 데 리본 1m가 필요합니다. 리본 938m로는 몇 개의 상자를 포장할 수 있는지 구하고, 그 과정을 설명하시오.

1 올림, 버림, 반올림 중에서 어느 방법으로 나타내어야 하는지 쓰고, 그 이유를 설명하여 봅시다.

__________하여 __________의 자리까지 나타내어야 합니다.

그 이유는 ______________________________

____

2 상자를 몇 개 포장할 수 있는지 구하고 설명해 봅시다.

938을 ______________________________

따라서 상자를 ______________________________

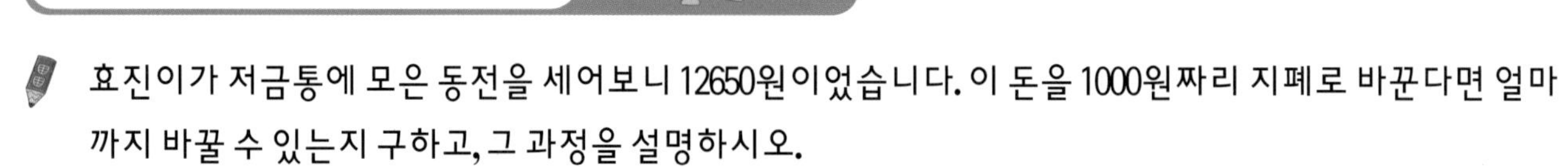

효진이가 저금통에 모은 동전을 세어보니 12650원이었습니다. 이 돈을 1000원짜리 지폐로 바꾼다면 얼마까지 바꿀 수 있는지 구하고, 그 과정을 설명하시오.

1 올림, 버림, 반올림 중에서 어느 방법으로 나타내어야 하는지 쓰고, 그 이유를 설명해 봅시다.

2 1000원짜리 지폐로 얼마까지 바꿀 수 있는지 구하고 설명해 봅시다.

실전! 서술형!

4학년 학생 324명에게 공책을 2권씩 나누어 주려고 합니다. 마트에서 공책을 10권씩 묶음으로 판다면 적어도 몇 권을 사야 하는지 구하고, 그 과정을 설명하시오.

올림, 버림, 반올림 중에서
어느 방법으로 나타내어야 하는지
먼저 결정해야 해!

Jumping Up! 창의성!

각각의 수의 범위에 속하는 자연수가 4개씩 있습니다. ㉠과 ㉡이 자연수일 때 ㉠과 ㉡의 합을 구하고, 그 과정을 설명하시오.

① 73 초과 ㉠ 미만인 수

② 42 이상 ㉡ 이하인 수

나의 실력은?

1 민수는 할머니께 택배를 보내기 위해 엄마와 함께 우체국에 갔습니다. 택배 요금은 무게에 따라 정해집니다. 민수가 가져온 물건의 무게를 재어 보니 4.8㎏이었고, 물건을 넣을 상자의 무게는 0.5㎏이었습니다. 민수가 물건을 상자에 넣어 택배를 보낼 때 얼마를 내야 하는지 구하고, 그 과정을 설명하시오.

택배 요금

기준	요금(원)
2kg 미만	2000
2kg 이상 5kg 미만	3000
5kg 이상 10kg 미만	5000
10 kg 이상 20kg 미만	8000

2 소정이네 학교 4학년 학생들이 현장체험학습을 가려면 정원이 42명인 버스 7대가 필요하다고 합니다. 소정이네 학교 4학년 학생들은 몇 명 이상 몇 명 이하인지 구하고, 그 과정을 설명하시오.

3 어떤 자연수를 반올림하여 십의 자리까지 나타내었더니 670이 되었습니다. 처음의 수가 될 수 있는 자연수의 범위를 이상과 이하를 사용하여 나타내고, 그 과정을 설명하시오.

4 농장에서 고구마 289상자를 수확하여 모두 트럭에 실으려고 합니다. 트럭 1대에 100상자씩 실으면 트럭은 모두 몇 대가 필요한지 구하고, 그 과정을 설명하시오.

4-2

5. 꺾은선 그래프

5. 꺾은선그래프 (기본개념 1)

개념 쏙쏙!

매년 5월에 실시하는 신체검사에서 수진이의 몸무게를 기록한 꺾은선그래프입니다. 그래프를 보고 알 수 있는 점을 쓰시오.

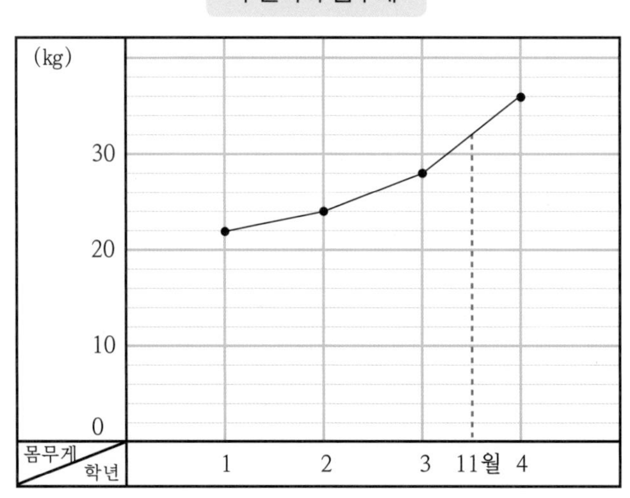

1 꺾은선그래프를 해석하는 방법을 알아봅시다.

① 꺾은선그래프의 점이 나타내는 [사실]을 확인합니다.

② 꺾은선그래프를 보고 [변화]한 정도를 살펴봅니다.

③ 점들을 연결한 선분을 활용해서 점들 사이의 값을 [어림]합니다.

④ 꺾은선그래프의 변화 모습을 보고 미래에 일어날 일을 [예상]합니다.

2 꺾은선그래프를 보고 알 수 있는 점을 찾아봅시다.

① 1학년 때의 몸무게는 [ ]kg, 2학년 때의 몸무게는 [ ]kg, 3학년 때의 몸무게는 [ ]kg, 4학년 때의 몸무게는 [ ]kg입니다.

② 몸무게의 변화가 가장 큰 구간은 [기울어진 정도]가 가장 큰 [ ]학년과 [ ]학년 사이입니다.

③ 1학년 때와 4학년 때의 몸무게의 차이는 [ ]kg입니다.

④ 3학년 11월의 몸무게는 3학년과 4학년의 값을 연결한 선분의 가운데에 점을 찍고 그 점의 값을 읽으면 약 [32]kg입니다.

⑤ 몸무게가 점점 [늘어나고] 있습니다.

3 5학년 때의 몸무게의 변화를 예상하고, 그 이유를 설명해 봅시다.

몸무게가 더 [늘어날] 것이라고 예상합니다.

그 이유는 1학년에서 4학년까지 학년이 올라갈수록 몸무게가 꾸준히 [늘어나고] 있기 때문입니다.

정리해 볼까요?

몸무게를 기록한 꺾은선그래프 해석하기(다양한 해석이 가능함)

- 1학년 때의 몸무게는 22kg이고, 4학년 때의 몸무게는 36kg입니다.
- 몸무게의 변화가 가장 큰 구간은 3학년과 4학년 사이입니다.
- 3학년 11월의 몸무게는 약 32 kg입니다.
- 몸무게가 늘어나고 있습니다.
- 학년이 올라갈수록 몸무게가 늘어나고 있으므로 5학년 때의 몸무게도 늘어날 것이라고 예상할 수 있습니다.

기본개념 1

첫걸음 가볍게!

목장에서 기르고 있는 젖소의 수를 연도별로 조사하여 나타낸 꺾은선그래프입니다. 그래프를 보고 알 수 있는 점을 쓰시오.

연도별 태어난 젖소의 수

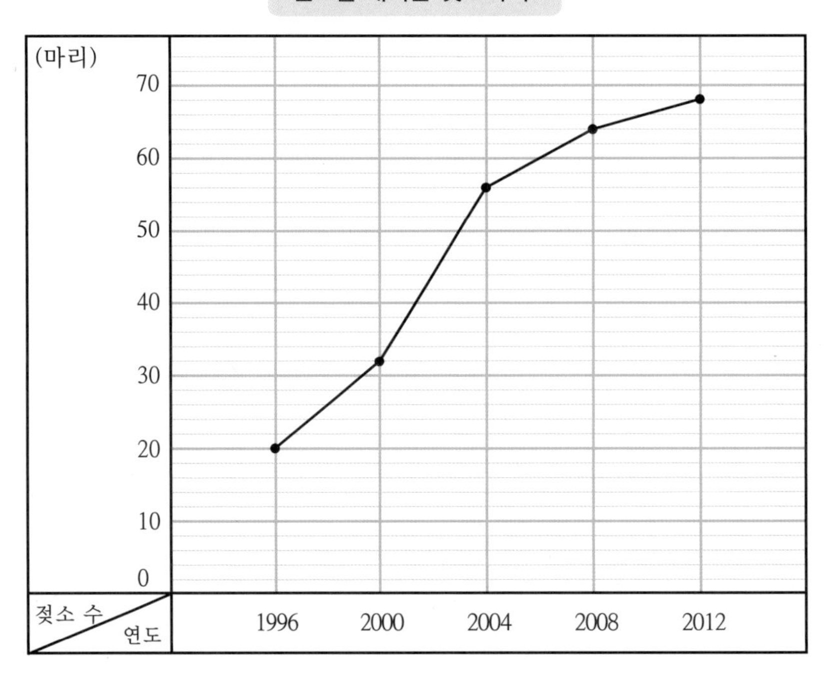

1 꺾은선그래프를 보고 알 수 있는 점을 찾아봅시다.

① 젖소 수는 1996년은 [ ]마리, 2000년은 [ ]마리, 2004년은 [ ]마리, 2008년은 [ ]마리, 2012년은 [ ]마리입니다.

② 젖소 수의 변화가 가장 큰 구간은 그래프의 [ ]가 가장 큰 [ ]년과 [ ]년 사이입니다.

③ 2012년도 젖소 수는 1996년보다 [ ]마리 더 늘었습니다.

④ 1998년의 젖소 수는 1996년과 2000년의 값을 연결한 선분의 가운데에 점을 찍고 그 점의 값을 읽으면 약 [ ]마리입니다.

2 2020년의 젖소 수의 변화를 예상하고, 그 이유를 설명해 봅시다.

젖소 수가 더 [ ]것이라고 예상합니다.

그 이유는 1996년부터 2012년까지 시간이 지날수록 젖소 수는 꾸준히 [ ]있기 때문입니다.

한 걸음 두 걸음!

운동장의 온도를 조사하여 나타낸 꺾은선그래프입니다. 그래프를 보고 알 수 있는 점을 쓰시오.

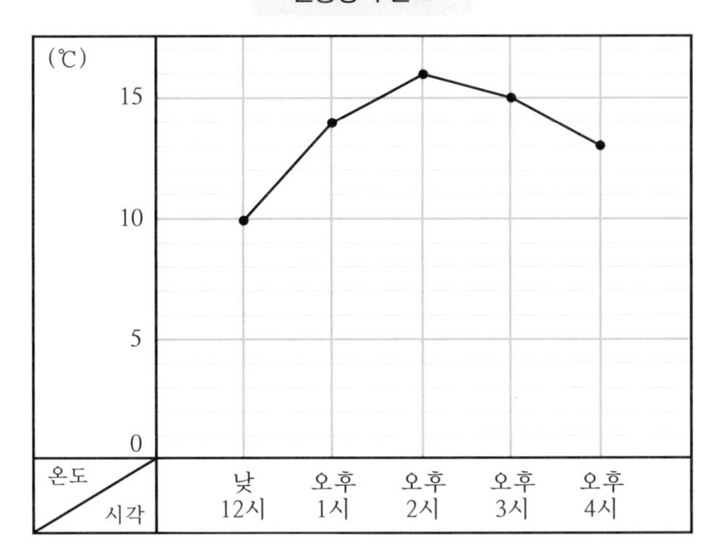

1 꺾은선그래프를 보고 알 수 있는 점을 써 봅시다.

① 낮 12시 온도는 10℃, ______________________

____

② 온도의 변화가 가장 작은 구간은 ______________________

③ 낮 12시와 오후 4시의 온도 차이는 ______________________

④ 오후 1시 30분의 온도는 ______________________

⑤ 온도의 변화는 ______________________

2 오후 5시 운동장의 온도의 변화를 예상하고, 그 이유를 설명해 봅시다.

온도는 ______________________

그 이유는 ______________________

도전! 서술형!

강낭콩 싹의 키를 조사하여 나타낸 꺾은선그래프입니다. 그래프를 보고 알 수 있는 점을 쓰시오.

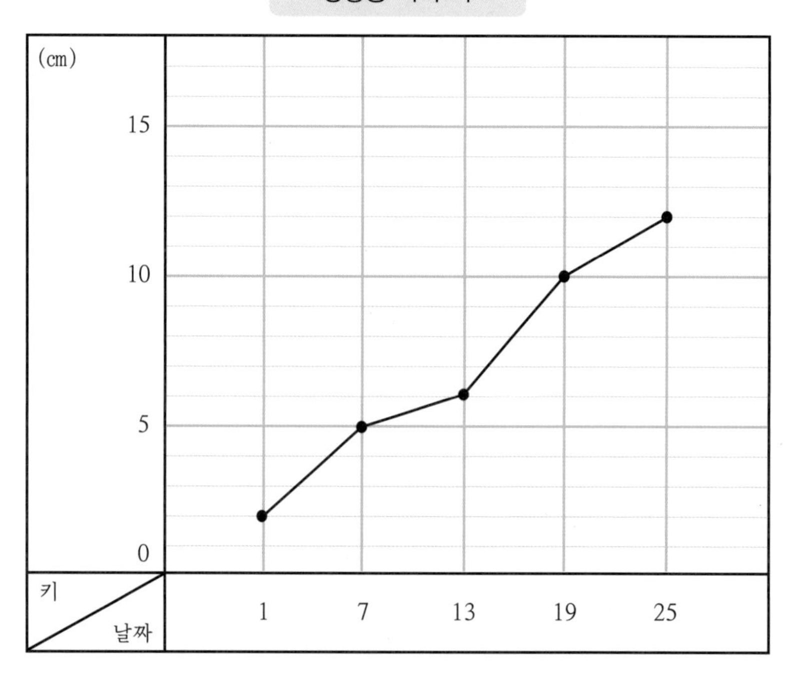

1 꺾은선그래프를 보고 알 수 있는 점을 써 봅시다.

2 이번 달 25일 이후의 강낭콩 싹의 키 변화를 예상하고, 그 이유를 설명해 봅시다.

실전! 서술형!

우리나라 사람들의 기대 수명의 변화를 나타낸 꺾은선그래프입니다. 그래프를 보고 알 수 있는 점을 3가지 쓰시오.

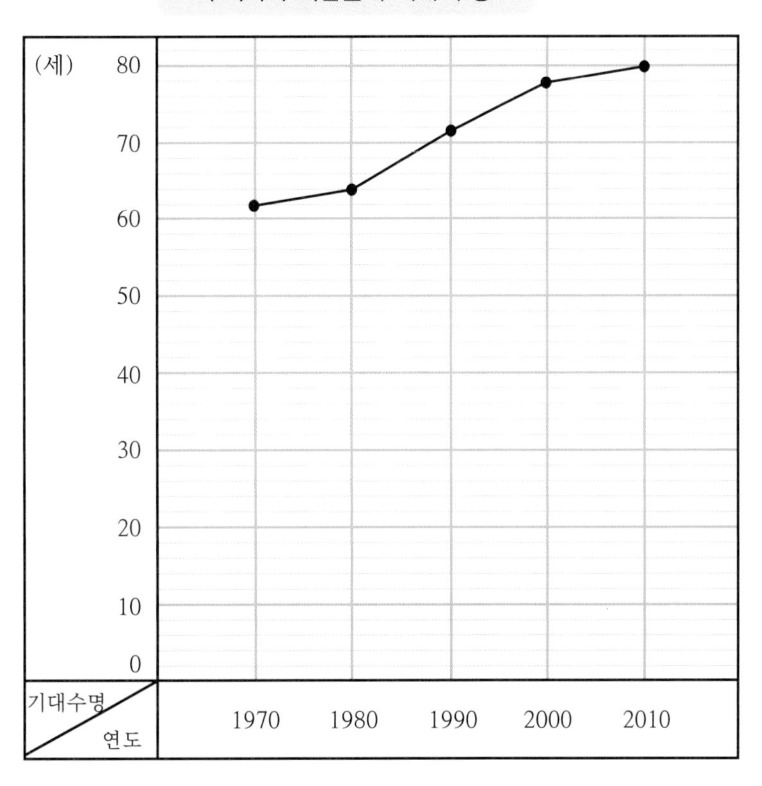

'개념 쏙쏙'과 '첫걸음 가볍게'의 내용을 참고해서 차근차근 써 봅시다.

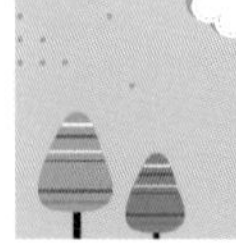

5. 꺾은선그래프 (기본개념 2)

개념 쏙쏙!

흐리게 쓴 글자를 따라 쓰며 익혀봅시다.

준서는 일주일 동안 줄넘기 횟수를 나타낸 표를 보고 꺾은선그래프로 나타내려고 합니다. 줄넘기 횟수의 변화를 뚜렷하게 알 수 있도록 나타내는 방법을 쓰고, 이를 활용하여 꺾은선그래프를 그리시오.

줄넘기 횟수

요일	월	화	수	목	금
횟수(회)	64	70	72	76	77

1 줄넘기 횟수의 변화를 뚜렷하게 알 수 있도록 나타내는 방법을 써 봅시다.

줄넘기 횟수는 64회부터 77회까지 변했으므로 필요 없는 부분인 [64회 밑 부분] 까지를 [물결선] 으로 생략하여 꺾은선그래프를 그립니다.

2 **1** 의 방법을 활용하여 꺾은선그래프를 그려 봅시다.

줄넘기 횟수

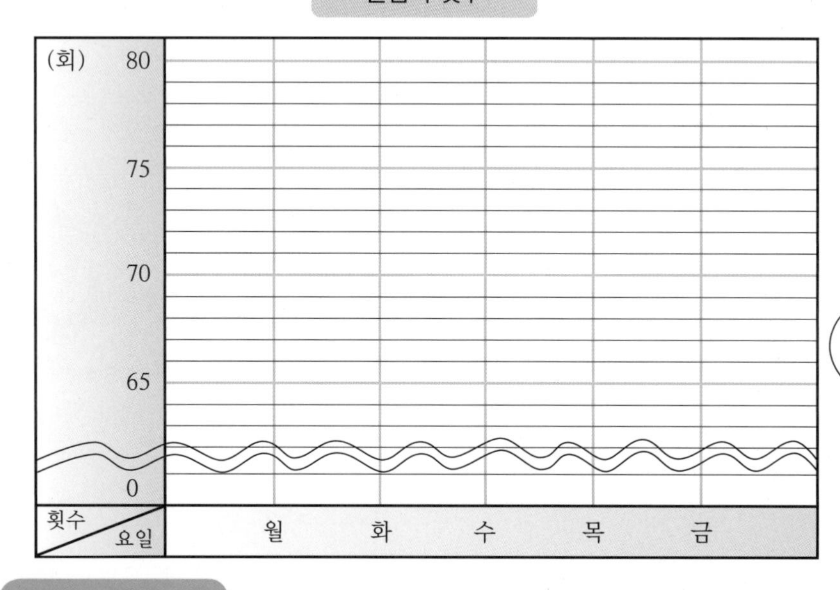

세로 눈금 한 칸의 크기를 작게 하는 방법도 있습니다.

정리해 볼까요?

물결선을 사용한 꺾은선그래프 그리기

줄넘기 횟수의 변화를 뚜렷하게 알 수 있도록 필요 없는 부분인 64회 밑 부분까지를 물결선으로 생략하여 꺾은선그래프를 그립니다.

첫걸음 가볍게!

어느 공장의 운동화 생산량을 나타낸 표를 보고 꺾은선그래프로 나타내려고 합니다. 운동화 생산량의 변화를 뚜렷하게 알 수 있도록 나타내는 방법을 쓰고, 이를 활용하여 꺾은선그래프를 그리시오.

운동화 생산량

날짜(월)	1	2	3	4	5	6	7
운동화 생산량(켤레)	455	448	452	460	464	468	465

1 운동화 생산량의 변화를 뚜렷하게 알 수 있도록 나타내는 방법을 써 봅시다.

운동화 생산량은 ☐ 켤레부터 ☐ 켤레까지 변했으므로 필요 없는 부분인 ☐ 까지를 ☐ 으로 생략하여 꺾은선그래프를 그립니다.

2 **1** 의 방법을 활용하여 꺾은선그래프를 그려 봅시다.

운동화 생산량

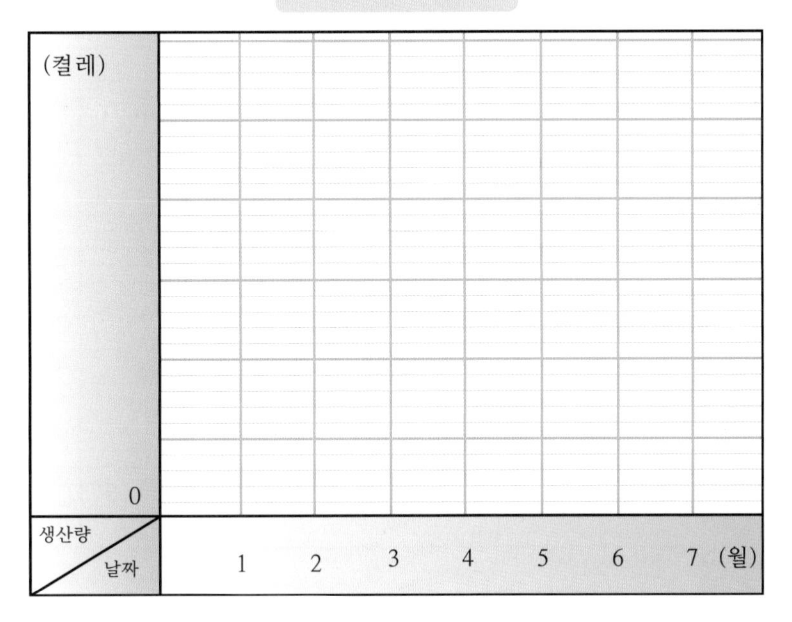

한 걸음 두 걸음!

수연이는 일주일 동안의 타수를 나타낸 표를 보고 꺾은선그래프로 나타내려고 합니다. 타수의 변화를 뚜렷하게 알 수 있도록 나타내는 방법을 쓰고, 이를 활용하여 꺾은선그래프를 그리시오.

수연의 타수

주	월	화	수	목	금	토
타수(타)	210	200	218	236	242	245

1 타수의 변화를 뚜렷하게 알 수 있도록 나타내는 방법을 써 봅시다.

타수는 200타에서 242타까지 변했으므로 필요 없는 부분인 ______________________

____

2 **1** 의 방법을 활용하여 꺾은선그래프를 그려 봅시다.

수연의 타수

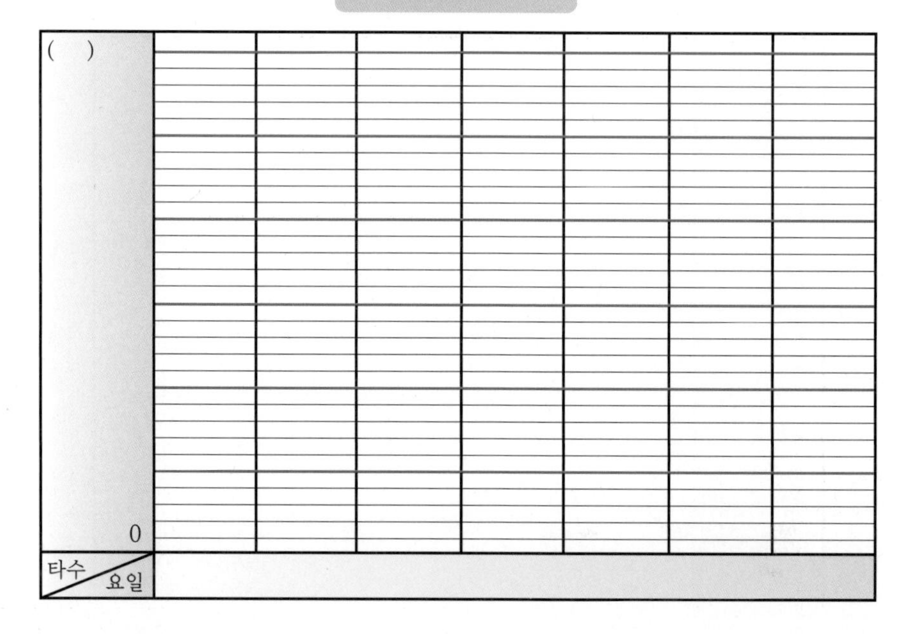

도전! 서술형!

과일 가게의 바나나의 판매량을 나타낸 표를 보고 꺾은선그래프로 나타내려고 합니다. 바나나 판매량의 변화를 뚜렷하게 알 수 있도록 나타내는 방법을 쓰고, 이를 활용하여 꺾은선그래프를 그리시오.

바나나 판매량

날짜(일)	11	12	13	14	15	16
판매량(송이)	52	54	68	60	66	72

1 바나나 판매량의 변화를 뚜렷하게 알 수 있도록 나타내는 방법을 써 봅시다.

2 **1** 의 방법을 활용하여 꺾은선그래프를 그려 봅시다.

바나나 판매량

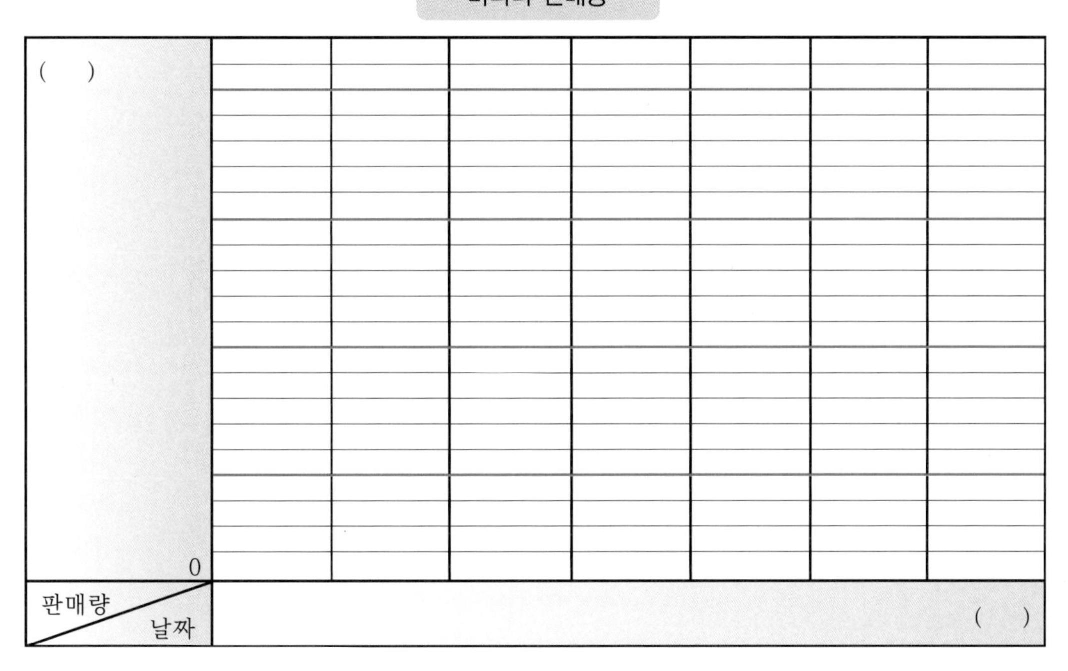

실전! 서술형!

수아의 시간대별 체온을 나타낸 표를 보고 꺾은선그래프로 나타내려고 합니다. 시간대별 체온의 변화를 뚜렷하게 알 수 있도록 나타내는 방법을 쓰고, 이를 활용하여 꺾은선그래프를 그리시오.

수아의 시간대별 체온

시각(시)	6	7	8	9
체온(℃)	39	38.5	37.5	37.0

'개념 쏙쏙'과 '첫걸음 가볍게'의 내용을 참고해서 차근차근 설명하고 꺾은선그래프를 그려봅시다.

수아의 시간대별 체온

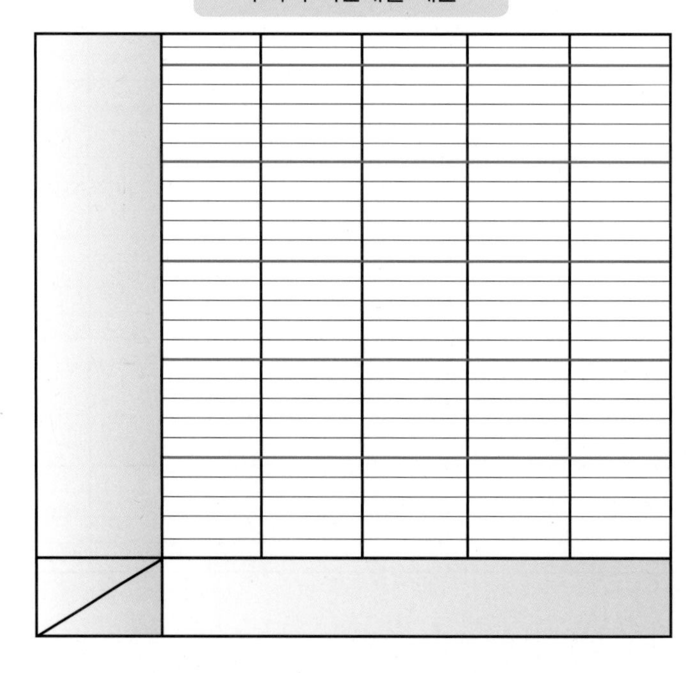

5. 꺾은선그래프 (기본개념 3)

개념 쏙쏙!

흐리게 쓴 글자를 따라 쓰며 익혀봅시다.

연도별 학급당 학생 수를 조사한 표입니다. 연도별 학급당 학생 수를 나타내기에 알맞은 그래프를 쓰고, 그 이유를 설명하시오.

학급당 학생 수

연도(년)	1970	1980	1990	2000	2010
학생 수(명)	72	54	38	32	26

1 자료의 특성에 알맞은 그래프를 선택하는 방법을 알아봅시다.

① 항목의 크기를 비교하기 위해서는 [막대그래프] 로 나타내는 것이 좋습니다.

② 시간에 따른 연속적인 변화를 알아보기 위해서는 [꺾은선그래프] 로 나타내는 것이 좋습니다.

2 연도별 학급당 학생 수를 어떤 그래프로 나타내면 좋은지 알아봅시다.

[꺾은선그래프] 로 나타내는 것이 좋습니다.

그 이유는 [연도별 학급당 학생 수의 변화] 를 알 수 있기 때문입니다.

정리해 볼까요?

연도별 학급당 학생 수를 나타내는 데 알맞은 그래프를 정하고 그 이유 설명하기

연도별 학급당 학생 수의 변화를 알아보기에 알맞은 그래프는 꺾은선그래프입니다. 그 이유는 학급당 학생 수의 변화를 알 수 있기 때문입니다.

첫걸음 가볍게!

학급별 학급 문고 수를 조사한 표입니다. 학급별 학급 문고 수를 나타내기에 알맞은 그래프를 쓰고, 그 이유를 설명하시오.

학급별 학급 문고 수

학급	1	2	3	4	5
학급 문고 수	273	156	186	215	248

1 자료의 특성에 알맞은 그래프를 선택하는 방법을 알아봅시다.

① 항목의 크기를 비교하기 위해서는 [ ] 로 나타내는 것이 좋습니다.

② 시간에 따른 연속적인 변화를 알아보기 위해서는 [ ] 로 나타내는 것이 좋습니다.

2 학급별 학급 문고 수를 나타내기에 알맞은 그래프를 쓰고, 그 이유를 설명해 봅시다.

[ ] 로 나타내는 것이 좋습니다.

그 이유는 [ ] 할 수 있기 때문입니다.

한 걸음 두 걸음!

자료를 막대그래프와 꺾은선그래프 중에서 어느 것으로 나타내면 좋은지 쓰고, 그 이유를 설명하시오.

매년 윤수네 마을의 4학년 학생 수

학급별 안경을 쓴 학생 수

1 막대그래프와 꺾은선그래프로 나타내면 좋은 점을 각각 써 봅시다.

① 막대그래프는 ______________________________

② 꺾은선그래프는 ______________________________

2 막대그래프와 꺾은선그래프 중에서 어느 것으로 나타내면 더 좋은지 쓰고, 그 이유를 설명해 봅시다.

매년 윤수네 마을의 4학년 학생 수는 ______________________________

그 이유는 ______________________________

____

학급별 안경을 쓴 학생 수는 ______________________________

그 이유는 ______________________________

____

도전! 서술형!

자료를 막대그래프와 꺾은선그래프 중에서 어느 것으로 나타내면 좋은지 쓰고, 그 이유를 설명하시오.

㉠ 호준이네 마을의 가구별 쌀 생산량

㉡ 월별 지은이네 아파트의 음식물쓰레기 양

㉢ 지난 한 해 동안 재영이의 몸무게

1 막대그래프로 나타내기에 좋은 자료를 쓰고, 그 이유를 설명해 봅시다.

2 꺾은선그래프로 나타내기에 좋은 자료를 쓰고, 그 이유를 설명해 봅시다.

실전! 서술형!

자료를 막대그래프와 꺾은선그래프 중에서 어느 것으로 나타내면 좋은지 쓰고, 그 이유를 설명하시오.

아파트 동별 주민 수

월별 수학 단원 평가 점수

'개념 쏙쏙'과 '첫걸음 가볍게'의 내용을 참고해서 차근차근 설명하여 봅시다.

나의 실력은?

1 다음은 어느 도시의 아이스크림 판매량을 조사하여 꺾은선그래프로 나타낸 것입니다. 그래프를 보고 알 수 있는 점을 3가지 쓰시오.

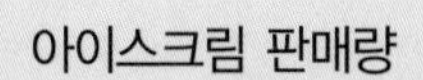

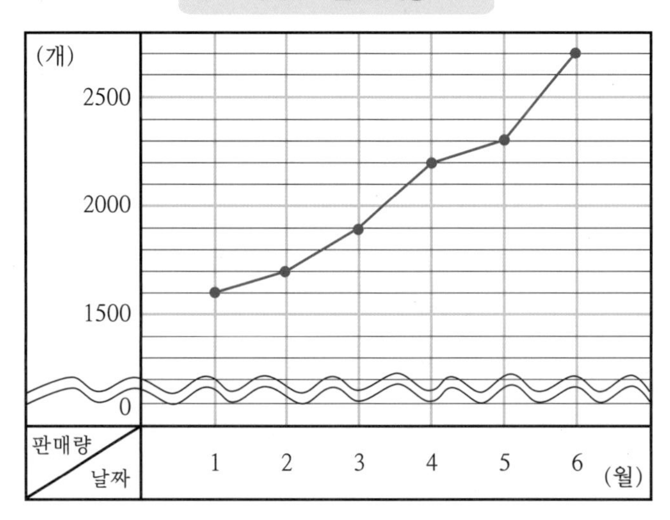

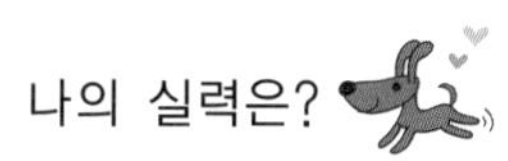

2 현민이가 식물의 키를 일주일 동안 조사한 표를 보고 나타낸 그래프입니다. 식물의 키의 변화를 뚜렷하게 알 수 있도록 나타내는 방법을 쓰고, 이를 활용하여 꺾은선그래프를 그리시오.

식물의 키

날짜 (일)	3	4	5	6	7	8	9
식물의 키 (cm)	24	24.8	25	26.4	27	27.6	28.8

식물의 키

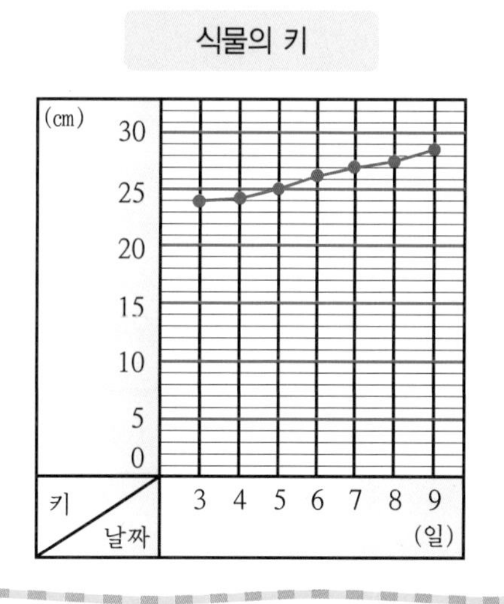

식물의 키

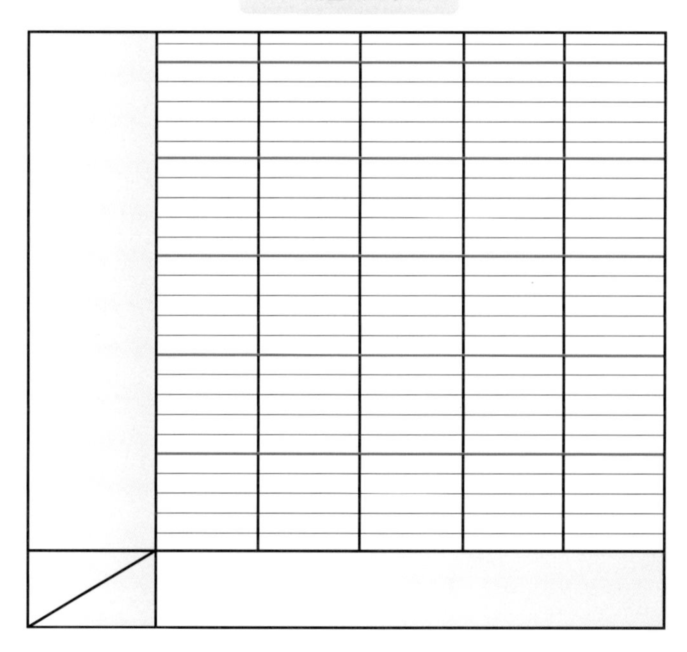

3 자료를 막대그래프와 꺾은선그래프 중에서 어느 것으로 나타내면 좋은지 쓰고, 그 이유를 설명하시오.

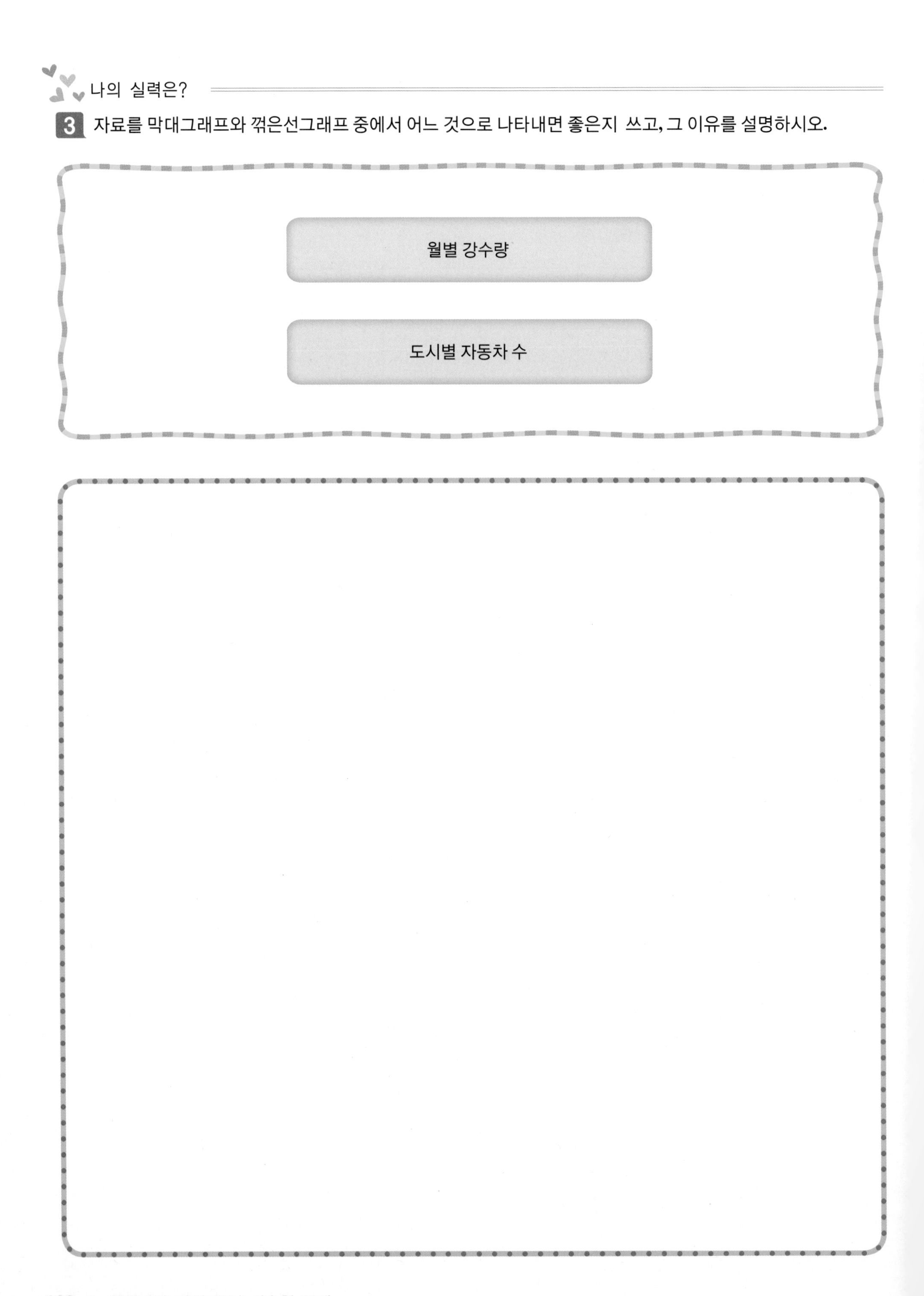

4-2

6. 규칙과 대응

6. 규칙과 대응 (기본개념 1)

개념 쏙쏙!

흐리게 쓴 글자를 따라 쓰며 익혀봅시다.

달걀판 수와 달걀 수 사이의 대응 관계를 표를 만들어 알아보고 설명하시오.

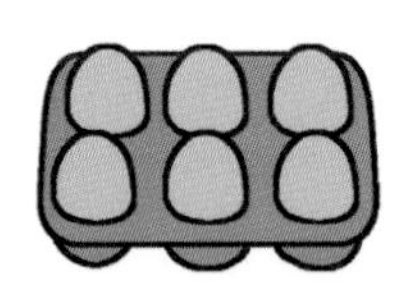 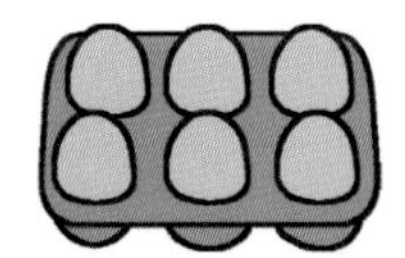 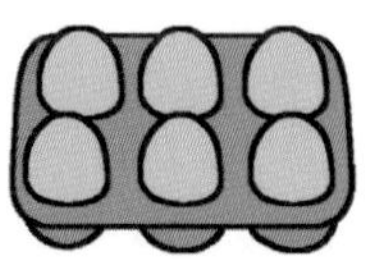 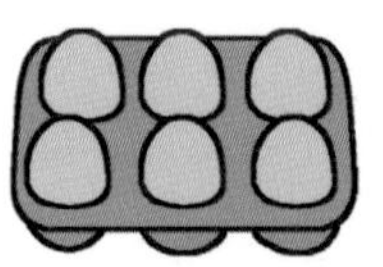 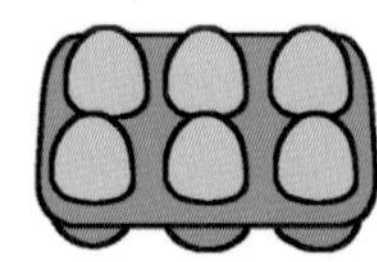

1 두 수 사이의 대응 관계를 표를 만들어 알아봅시다.

달걀판의 수	1	2	3	4	5
달걀의 수	6	12			

2 두 수 사이의 대응 관계를 설명해 봅시다.

① 달걀판이 한 판씩 늘어날 때마다 달걀의 수는 [6]개씩 늘어납니다.

② 달걀의 수는 달걀판의 수의 [6배]입니다.

③ 달걀판의 수는 달걀의 수를 [6]으로 나눈 [몫]입니다.

정리해 볼까요?

달걀판의 수와 달걀의 수 사이의 대응 관계 설명하기

달걀판의 수와 달걀의 수 사이의 대응 관계를 표로 만들면

달걀판의 수	1	2	3	4	5
달걀의 수	6	12	18	24	30

입니다.

따라서 달걀의 수는 달걀판 수의 6배입니다.

첫걸음 가볍게!

색 테이프를 자른 횟수와 색 테이프 도막 사이의 대응관계를 표를 만들어 알아보고 설명하시오.

1 두 수 사이의 대응 관계를 표를 만들어 알아봅시다.

색 테이프 자른 횟수	1	2	3	4
색 테이프 도막 수	2	3		

2 두 수 사이의 대응 관계를 설명해 봅시다.

① 색 테이프 도막 수는 색 테이프 자른 횟수보다 [ ] 큽니다.

② 색 테이프 자른 횟수는 색 테이프 도막 수보다 [ ] 작습니다.

3 색 테이프 자른 횟수와 색 테이프 도막 수 사이의 대응 관계를 표로 만들고 설명해 봅시다.

색 테이프 자른 횟수와 색 테이프 도막 수 사이의 대응 관계를 표로 만들면

색 테이프 자른 횟수				
색 테이프 도막 수				

입니다.

따라서 색 테이프 도막 수는 색 테이프 자른 횟수보다 [ ].

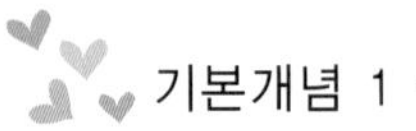

기본개념 1

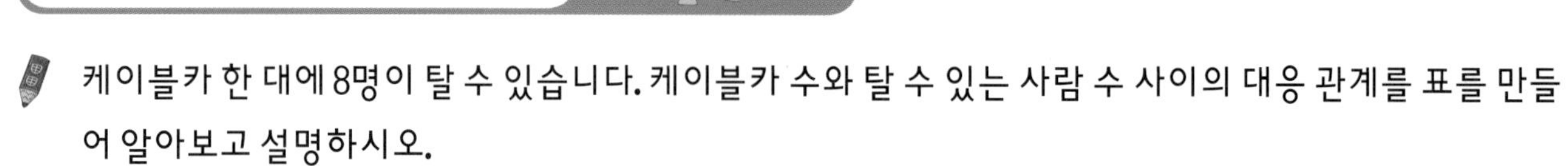

한 걸음 두 걸음!

케이블카 한 대에 8명이 탈 수 있습니다. 케이블카 수와 탈 수 있는 사람 수 사이의 대응 관계를 표를 만들어 알아보고 설명하시오.

1 두 수 사이의 대응 관계를 표를 만들어 알아봅시다.

케이블카 수	1	2	3	4
탈 수 있는 사람 수				

2 두 수 사이의 대응 관계를 설명해 봅시다.

① 케이블카가 한 대씩 늘어날 때마다 ______________________________

____

② 탈 수 있는 사람 수는 ______________________________

____

③ 케이블카 수는 ______________________________

____

도전! 서술형!

서울과 방콕의 시각 사이의 대응 관계를 알아보려고 합니다. 표를 완성하고, 두 도시의 시각 사이의 대응 관계를 설명하시오.

1 두 시각 사이의 대응 관계를 찾아 표를 완성해 봅시다.

서울의 시각	낮 12시	오후 2시	오후 3시	오후 4시	오후 6시
방콕의 시각	오전 10시	낮 12시			

2 두 시각 사이의 대응 관계를 설명해 봅시다.

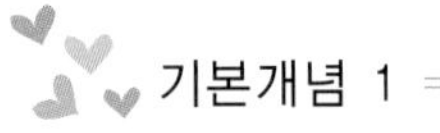

실전! 서술형!

문어와 문어 다리의 수 사이의 대응 관계를 표를 만들어 알아보고 설명하시오.

6. 규칙과 대응 (기본개념 2)

개념 쏙쏙!

흐리게 쓴 글자를 따라 쓰며 익혀봅시다.

혜지는 자신이 24살이 될 때 오빠는 몇 살인지 구하려고 합니다.
혜지의 나이와 오빠의 나이 사이의 대응 관계를 식으로 나타내어 답을 구하고,
그 과정을 설명하시오.

1 두 수 사이의 대응관계를 표를 만들어 알아봅시다.

혜지의 나이	11	12	13		……	24
오빠의 나이	15	16			……	?

2 두 수 사이의 대응 관계를 식으로 나타내고 오빠의 나이를 구하여 봅시다.

방법 1

(오빠의 나이)=(혜지의 나이) + [4]입니다.

따라서 (오빠의 나이) = 24 + [4] = [28](살)입니다.

방법 2

(혜지의 나이) = (오빠의 나이) − [4]입니다.

따라서 (오빠의 나이) = 24 + [4] = [28](살)입니다.

정리해 볼까요?

두 수의 대응관계를 식으로 나타내어 오빠의 나이 구하기

혜지의 나이와 오빠의 나이 사이의 대응 관계를 식으로 나타내면

(오빠의 나이) = (혜지의 나이) + 4입니다.

따라서 혜지가 24살이 될 때 오빠의 나이는 24 + 4 = 28(살)입니다.

첫걸음 가볍게!

탁자 8개에 놓을 방석 수를 구하려고 합니다. 탁자 수와 방석 수 사이의 대응관계를 식으로 나타내어 답을 구하고, 그 과정을 설명하시오.

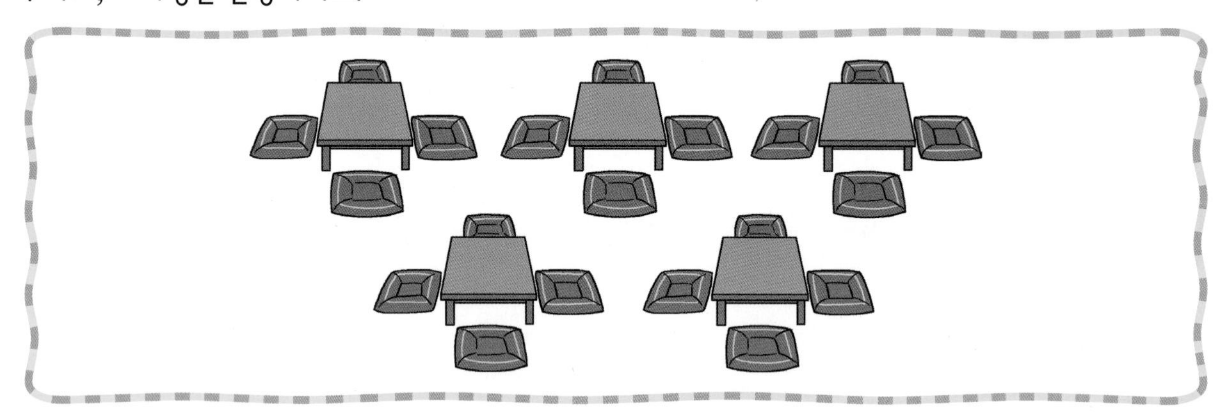

1 두 수 사이의 대응관계를 표를 만들어 알아봅시다.

탁자 수	1	2	3	4	5
방석 수	4				

2 두 수 사이의 대응 관계를 식으로 나타내고 방석의 수를 구하여 봅시다.

방법 1

(방석 수) = (탁자 수) × ☐입니다.

따라서 탁자 8개에 놓을 방석 수는 8 × ☐ = ☐(개)입니다.

방법 2

(탁자 수) = (방석 수) ÷ ☐입니다.

탁자 8개에 놓을 방석 수는 8 = (방석 수) ÷ ☐입니다.

따라서 방석 수는 ☐(개)입니다.

3 탁자 수와 방석 수 사이의 대응 관계를 식으로 나타내어 답을 구하고 설명해 봅시다.

탁자 수와 방석 수 사이의 대응 관계를 식으로 나타내면 ☐ 입니다.

따라서 탁자 8개에 놓을 방석 수는 ☐(개)입니다.

한 걸음 두 걸음!

연필 8타는 몇 자루인지 구하려고 합니다. 연필 타 수와 연필 자루 수 사이의 대응관계를 식으로 나타내어 답을 구하고, 그 과정을 설명하시오.

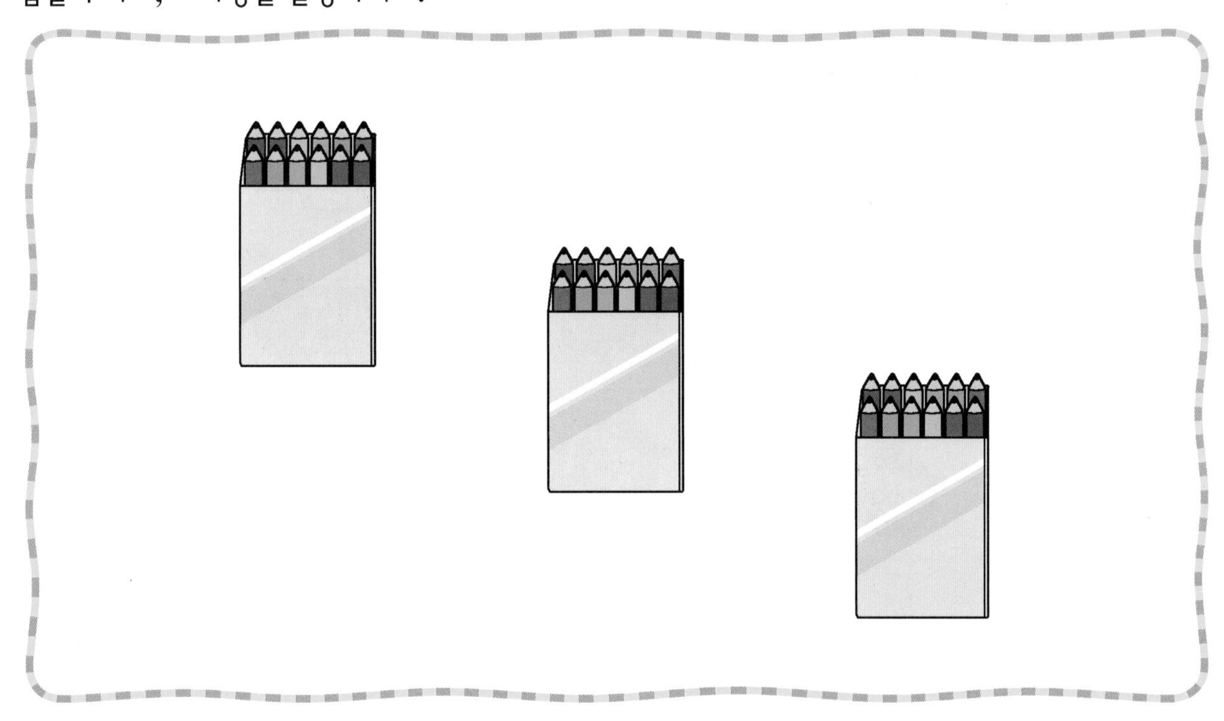

1 두 수 사이의 대응관계를 표를 만들어 알아봅시다.

연필 타 수	1	2	3	4	5
연필 자루 수					

2 두 수 사이의 대응 관계를 식으로 나타내어 답을 구하고 설명해 봅시다.

연필 타 수와 연필 자루 수 사이의 대응 관계를 식으로 나타내면

____

____

따라서 8타에 들어 있는 연필 자루 수는 ____________자루입니다.

도전! 서술형!

세발자전거 15대의 바퀴 수를 구하려고 합니다. 세발자전거 수와 세발자전거 바퀴 수 사이의 대응관계를 식으로 나타내어 답을 구하고, 그 과정을 설명하시오.

1 두 수 사이의 대응관계를 표를 만들어 알아봅시다.

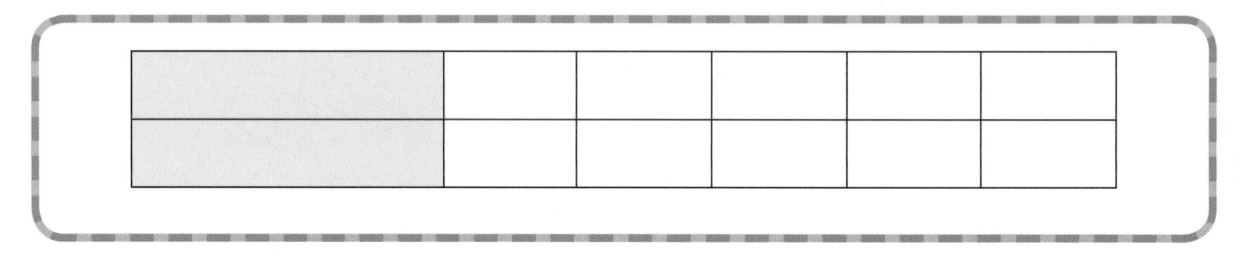

2 두 수 사이의 대응 관계를 식으로 나타내어 답을 구하고 설명해 봅시다.

실전! 서술형!

직각삼각형 8개를 만드는 데 필요한 성냥개비 수를 구하려고 합니다. 직각삼각형 수와 성냥개비 수 사이의 대응관계를 식으로 나타내어 답을 구하고, 그 과정을 설명하시오.

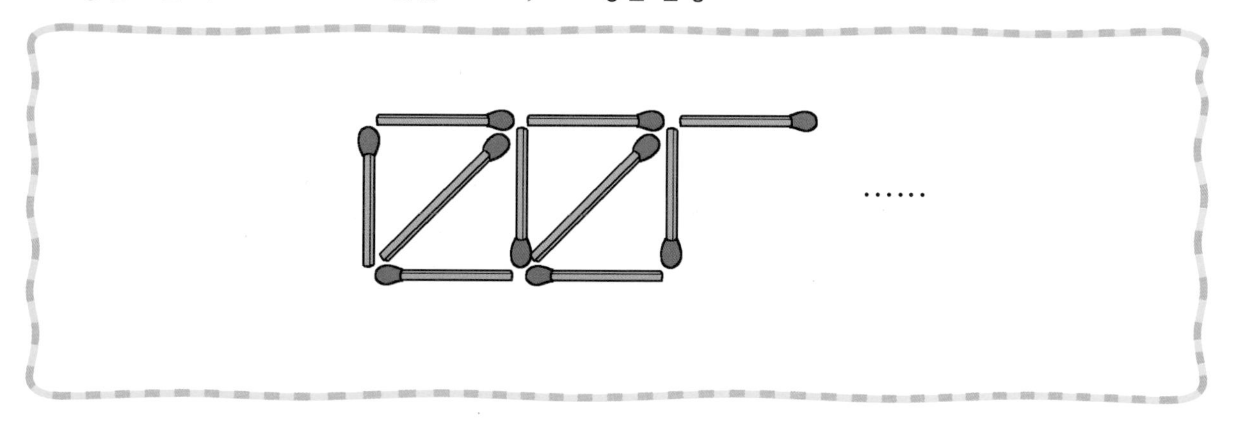

Jumping Up! 창의성!

규칙에 따라 바둑돌을 나열하였습니다. 순서와 바둑돌 수 사이의 대응 관계를 이용하여 10번째에 놓을 바둑돌의 개수를 구하시오.

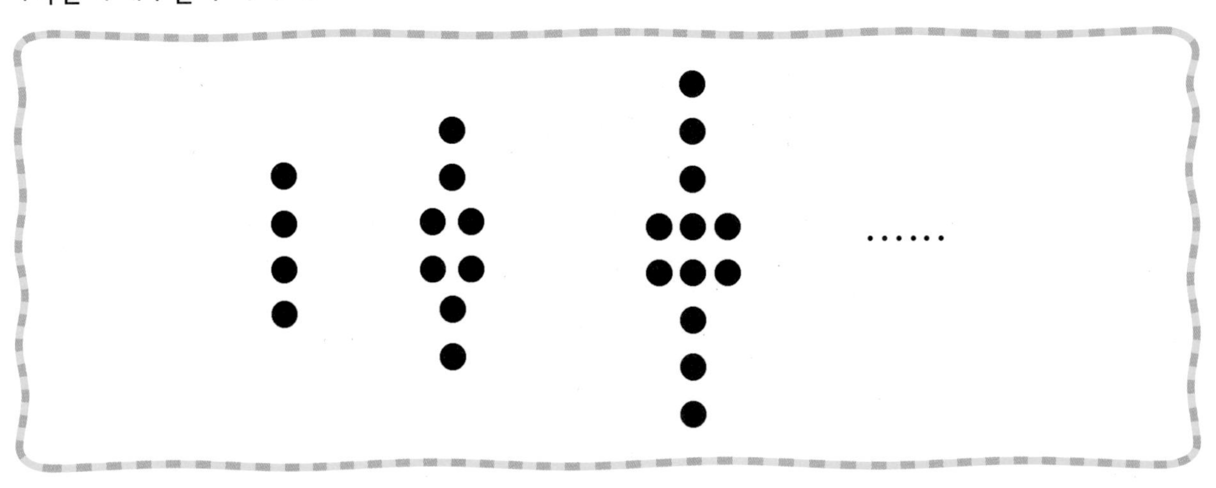

1 표를 완성하시오.

순서(◎)	1	2	3	4	5	6	……
바둑돌 수(◇)	4	8	12				……

2 ◎와 ◇사이의 대응 관계를 식으로 나타내시오.

3 10번째에 놓을 바둑돌의 개수를 구하시오.

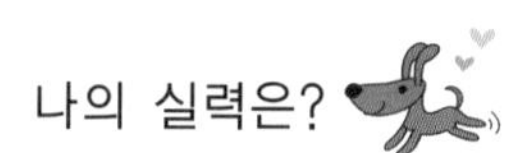

나의 실력은?

1 한 묶음에 색종이가 6장씩 들어 있습니다. 묶음 수와 색종이 수 사이의 대응 관계를 표를 만들어 알아보고 설명하시오.

2 한 쪽에 1명씩 앉을 수 있는 식탁 10개를 한 줄로 이을 때 필요한 의자 수를 구하려고 합니다. 식탁 수와 의자 수 사이의 대응관계를 식으로 나타내어 답을 구하고, 그 과정을 설명하시오.

4-2

정답 및 해설

1. 소수의 덧셈과 뺄셈

7쪽

첫걸음 가볍게!

1

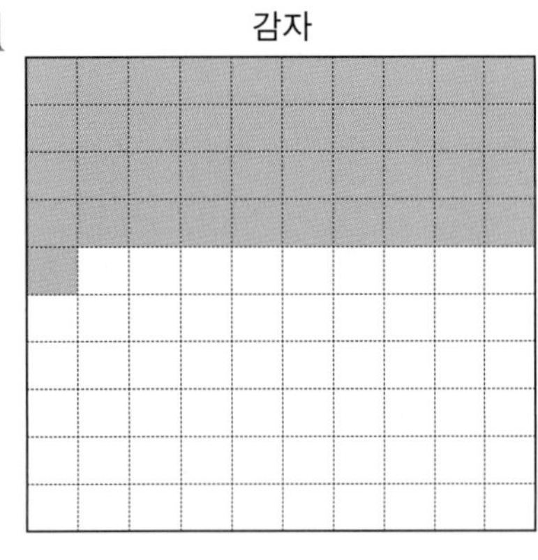

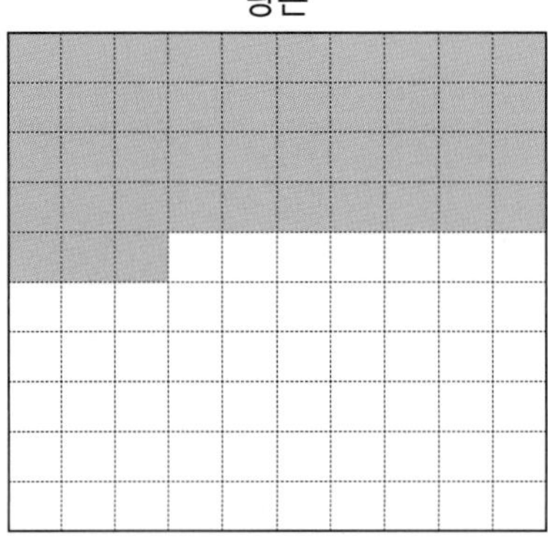

0.01, 41, 0.01, 43, 당근

2

0.41 0.43

0.4 0.5

작습니다, 당근

3 0, 0, 같습니다. / 4, 4, 같습니다. / 1, 3, 작습니다. / 당근

4 자연수 부분, 0, 소수 첫째 자리 수, 4, 소수 둘째 자리 수, 작습니다, 당근

8쪽

한 걸음 두 걸음!

1 0, 같, 소수점 이하의 자리 수, 은미가 걸어간 거리, 835, 영호가 걸어간 거리, 838, 영호가 더 많이 걸어갔습니다.

2

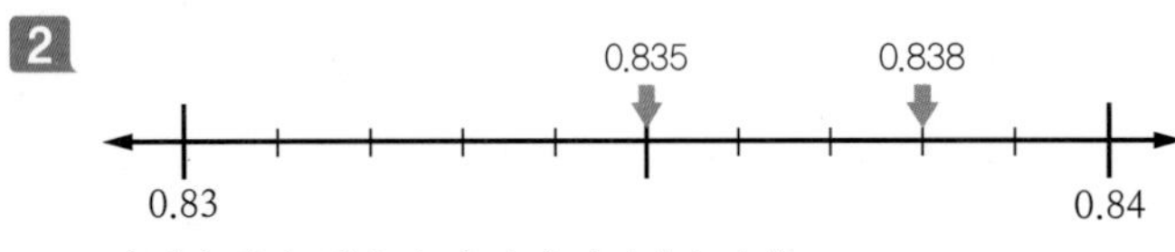

더 작습니다, 영호가 더 많이 걸어갔습니다.

3 0, 0, 자연수 부분 같습니다. / 8, 8, 소수 첫째 자리 수는 같습니다. / 3, 3, 소수 둘째 자리 수는 같습니다. / 5, 8, 소수 셋째 자리 수는 0.835가 더 작습니다. / 영호가 더 많이 걸어갔습니다.

4 자연수 부분은 0, 소수 첫째 자리 수는 8, 소수 둘째 자리 수는 3으로 같지만 소수 셋째 자리 수는 0.835이 더 작습니다. 그러므로 영호가 더 많이 걸어갔습니다.

9쪽

도전! 서술형!

1 색 테이프 길이의 자연수 부분은 1로 같기 때문에 소수점 이하의 자리 수를 비교하면 검정색 테이프의 길이는 0.001이 531개이고 흰색 테이프의 길이는 0.001이 526개입니다. 그러므로 검정색 테이프의 길이가 더 깁니다.

2

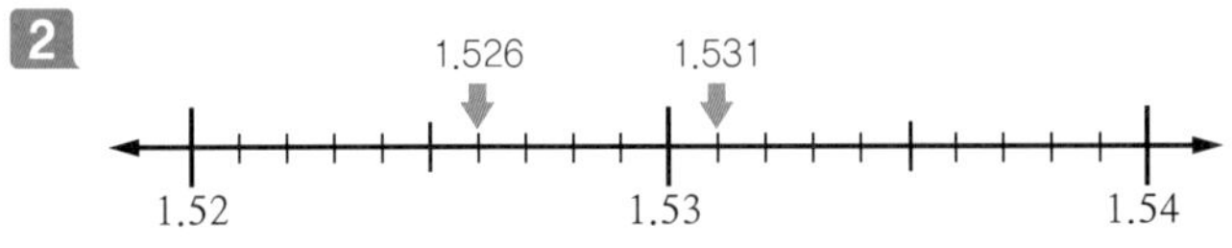

수직선에 나타내었을 때 1.531이 1.526보다 더 큽니다. 그러므로 검정색 테이프의 길이가 더 깁니다.

3

자 리 수	검정색 테이프	흰색 테이프	비 교
	1.531	1.526	
자연수 부분	1	1	자연수 부분은 같습니다.
소수 첫째 자리 수	5	5	소수 첫째 자리 수는 같습니다.
소수 둘째 자리 수	3	2	소수 둘째 자리 수는 1.531이 더 큽니다.

그러므로 검정색 테이프의 길이가 더 깁니다.

4 1.531과 1.526의 자연수 부분은 1, 소수 첫째 자리 수는 5로 같지만 소수 둘째 자리 수는 0.531이 더 큽니다. 그러므로 검정색 테이프의 길이가 더 깁니다.

10쪽

실전! 서술형!

방법 1.

마신 물의 양은 자연수 부분이 1로 같기 때문에 소수점 이하의 자리 수를 비교하면 어머니가 마신 물의 양은 0.001이 371개이고 아버지가 마신 물의 양은 0.001이 359개입니다. 그러므로 어머니가 마신 물의 양이 더 많습니다.

방법 2.

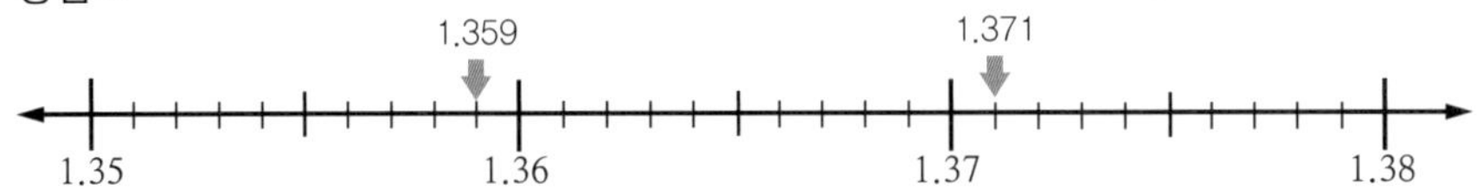

수직선에 나타내었을 때 1.371이 1.359보다 더 큽니다. 그러므로 어머니가 마신 물의 양이 더 많습니다.

방법 3.

자 리 수	어머니가 마신 물의 양	아버지가 마신 물의 양	비 교
	1.371	1.359	
자연수 부분	1	1	자연수 부분은 같습니다.
소수 첫째 자리 수	3	3	소수 첫째 자리 수는 같습니다.
소수 둘째 자리 수	7	5	소수 둘째 자리 수는 1.371이 더 큽니다.

그러므로 어머니가 마신 물의 양이 더 많습니다.

방법 4.

1.371과 1.359의 자연수 부분은 1, 소수 첫째 자리 수는 3으로 같지만 소수 둘째 자리 수는 1.371이 더 큽니다. 그러므로 어머니가 마신 물의 양이 더 많습니다.

12쪽 **첫걸음 가볍게!**

1

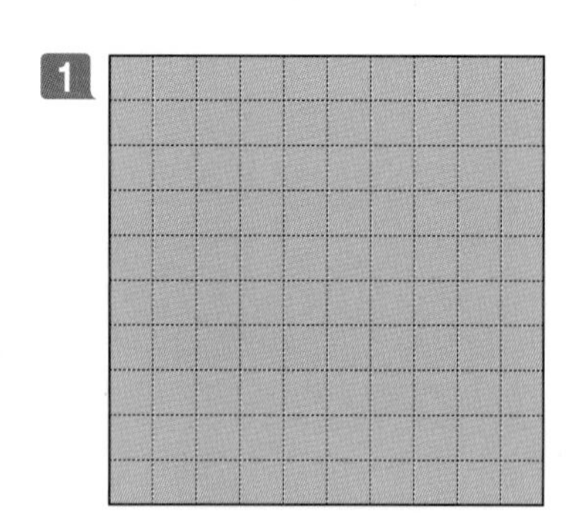

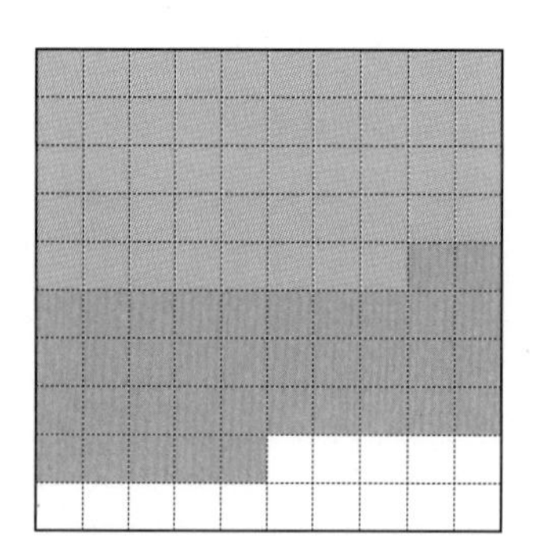

0.01, 148, 0.01, 37, 0.01, 185, 1.85

2

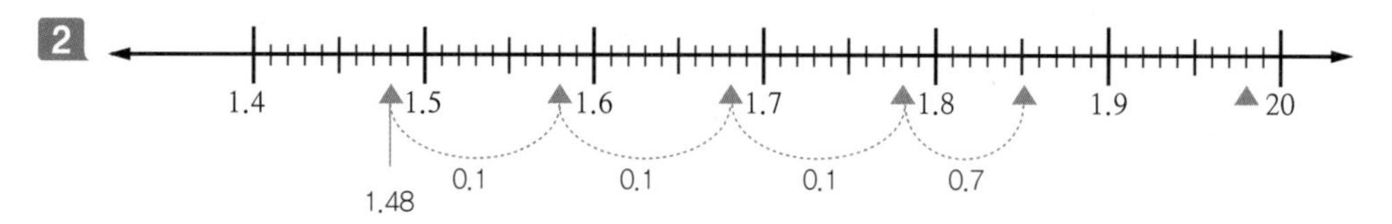

0.1, 3, 0.01, 7, 오른쪽 / 1.85, 1.85

3

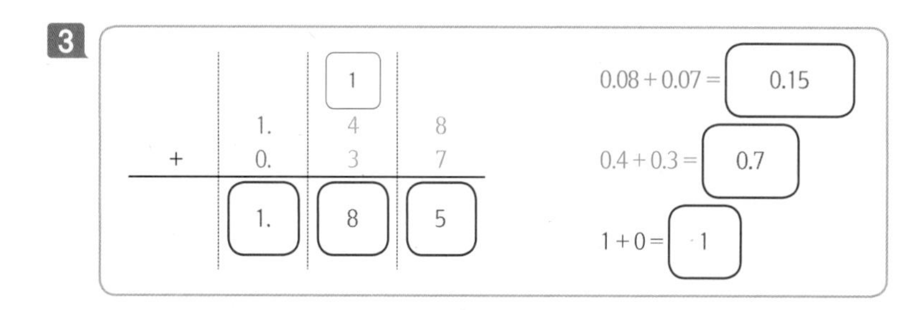

4

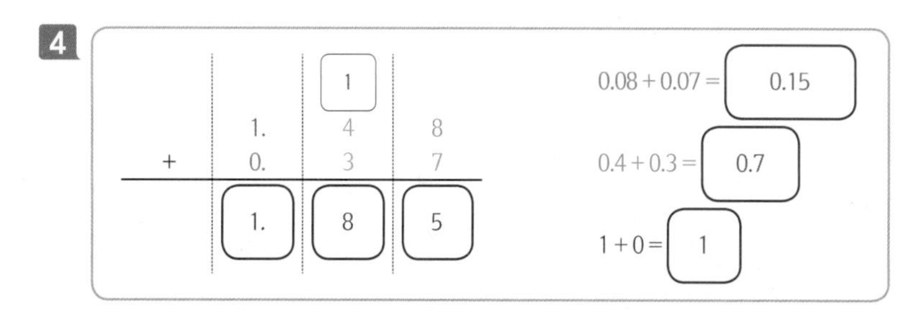

소수점의 자리, 같은 자리 수, 소수 둘째 자리의 수들의 합, 0.15, 소수 첫째 자리의 수들의 합, 0.7, 자연수 부분, 1, 소수점을 그대로, 1.85, 1.85

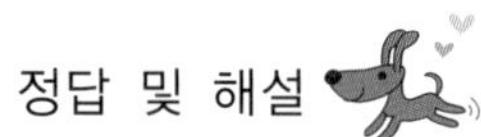

13쪽

한 걸음 두 걸음!

1 0.67kg이므로 0.01이 67개, 0.23kg이므로 0.01이 23개, 0.01이 44개이므로 0.44kg

2 0.1씩 2번, 0.01씩 3번, 왼쪽으로, 0.44이므로 0.44kg

3

$$\begin{array}{r} 0.67 \\ -\ 0.23 \\ \hline 0.44 \end{array}$$

0.07 − 0.03 = 0.04

0.6 − 0.2 = 0.4

4

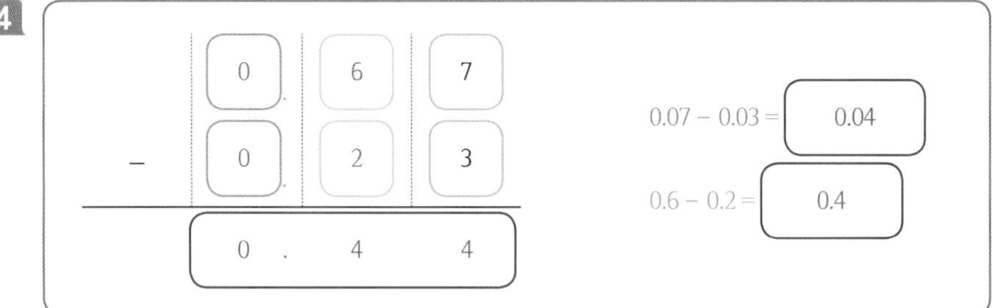

소수점의 자리, 같은 자리 수, 소수 둘째 자리의 수들의 차는 0.04이고

소수 첫째 자리의 수들의 차는 0.4, 소수점을 그대로, 0.44이므로 0.44kg

14쪽

도전! 서술형!

1 2125개, 1870개, 2.125 − 1.87, 0.001이 255개이므로 0.255km

2

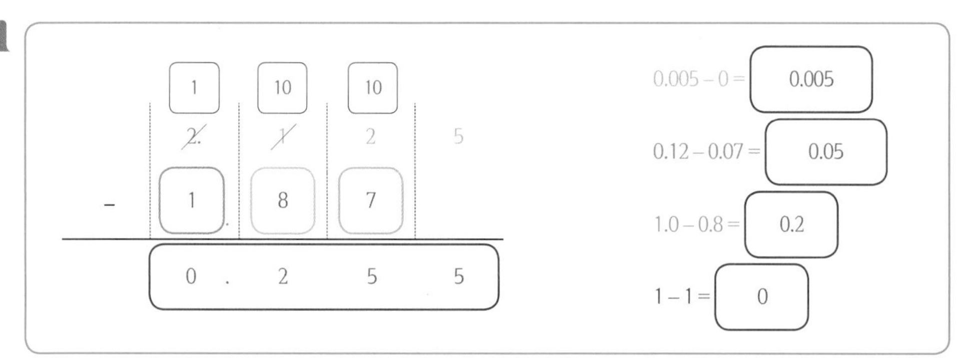

3

	1.	10	10	
	2.	1	2	5
−	1	8	7	
	0 .	2	5	5

0.005 − 0 = 0.005

0.12 − 0.07 = 0.05

1.0 − 0.8 = 0.2

1 − 1 = 0

소수점의 자리, 같은 자리 수, 소수 셋째 자리의 수들의 차는 0.005이고

소수 둘째 자리의 수들의 차는 0.05, 소수 첫째 자리의 수들의 차는 0.2, 자연수들의 차는 0, 소수점을 그대로, 0.255이므로 0.255㎞

15쪽 **실전! 서술형!**

방법 1.

페인트의 양은 0.001이 4218개이고 담장을 칠하는 데 사용한 양은 0.001이 2583개입니다.

4.218 − 2.583은 0.001이 1635개이므로 1.635L가 됩니다.

방법 2.

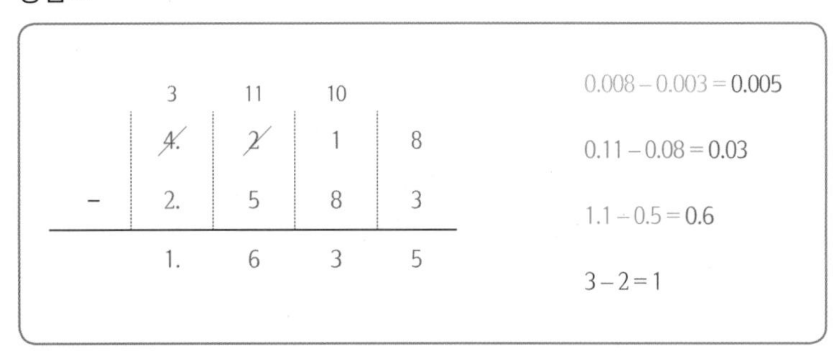

소수점의 자리를 맞추어 세로로 씁니다. 같은 자리 수끼리 빼면 소수 셋째 자리의 수들의 차는 0.005이고, 소수 둘째 자리의 수들의 차는 0.03, 소수 첫째 자리의 수들의 차는 0.6입니다, 자연수들의 차는 1입니다. 소수점을 그대로 내려찍으면 1.635이므로 1.635L입니다.

17쪽 **첫걸음 가볍게!**

1 두 수의 합

2 ① 0.07 − 0.02, ② 7과 2의 차, 5

3 ① 0.3, 0.5 ② 3, 5, 8

4 5 + 8 = 13

5 0.07 − 0.02, 7 − 2, 5, 0.3, 0.5, 3, 5, 8, 5 + 8 = 13

18쪽

한 걸음 두 걸음!

1 두 수의 합

2 ① 0.03 − 0.0△ = 0.01, ② 3과 △의 차, 1, 2

3 ① 6.7 − 4.9 = 1.□, ② 6.7 − 4.9, 1.8, 8

4 2 + 8 = 10

5 0.03 − 0.0△ = 0.01, 3과 △의 차는 1, 2, 6.7 − 4.9, 1.8, 8, 2 + 8 = 10

19쪽

도전! 서술형!

1 □와 △ 안에 들어갈 두 수의 합

2 ① 소수 둘째 자리 수의 합은 0.02 + 0.06 = 0.0△입니다.

② 2와 6의 합이 △가 되어야 하므로 △안에 들어갈 수는 8입니다.

3 ① 자연수와 소수 첫째 자리 수의 합은 6.6 + 1.□ = 8.1입니다.

② 6과 □의 합은 11이 되어야 하므로 안에 들어갈 수는 5입니다.

4 8 + 5 = 13

5 소수 둘째 자리 수의 합은 0.02 + 0.06 = 0.0△이므로 2 + 6 = △가 됩니다. 그러므로 △안에 들어갈 수는 8입니다. 자연수 부분과 소수 첫째 자리 수의 합은 6.6 + 1.□ = 8.1이므로 6 + □ = 11이 됩니다. 그러므로 □안에 들어갈 수는 5입니다. □와 △안에 들어갈 두 수의 합은 8 + 5 = 13입니다.

20쪽

실전! 서술형!

1 소수 둘째 자리 수의 차는 0.09 − 0.0△ = 0.01이므로 9 − △ = 1이 됩니다. 그러므로 △안에 들어갈 수는 8입니다. 자연수 부분과 소수 첫째 자리 수의 차는 4.5 − 2.6 = 1.□이므로 1.9가 됩니다. 그러므로 □안에 들어갈 수는 9입니다. □와 △안에 들어갈 두 수의 합은 8 + 9 = 17입니다.

2 소수 둘째 자리 수의 합은 0.01 + 0.08 = 0.0△이므로 1 + 8 = △가 됩니다. 그러므로 △안에 들어갈 수는 9입니다. 자연수 부분과 소수 첫째 자리 수의 합은 8.8 + 2.□ = 11.2이므로 8 + □ = 12가 됩니다. 그러므로 □안에 들어갈 수는 4입니다. □와 △안에 들어갈 두 수의 합은 9 + 4 = 13입니다.

22쪽

첫걸음 가볍게!

1 어떤 수, 4.09

2 4.09, 3.67, 3.67, 4.09, 합, 3.67 + 4.09, 7.76

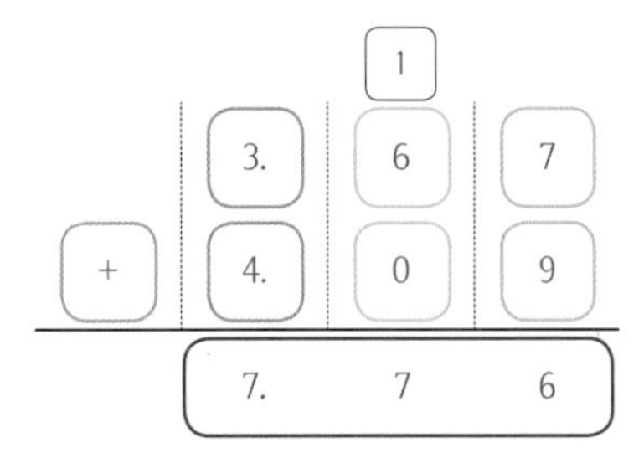

3 4.09, 7.76, 4.09, 11.85

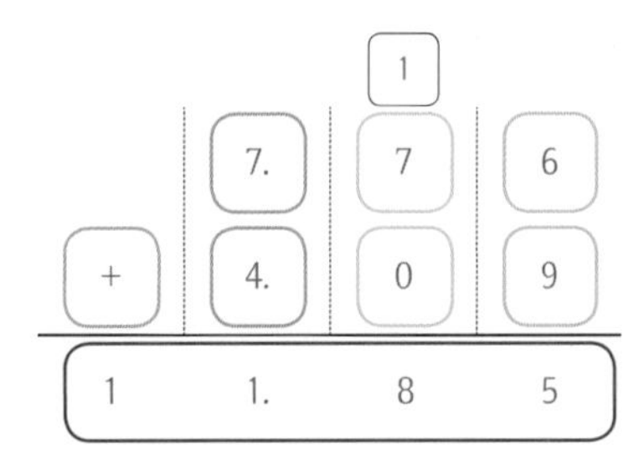

4 4.09, 3.67, 3.67, 4.09, 합, 3.67 + 4.09, 7.76, 4.09, 7.76, 4.09, 11.85

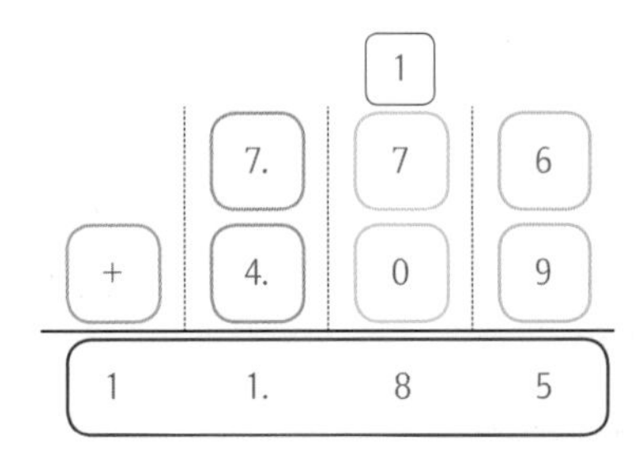

23쪽

한 걸음 두 걸음!

1 어떤 수, 2.36

2 2.36 = 2.751, 2.751과 2.36의 합, 2.751 + 2.36 = 5.111

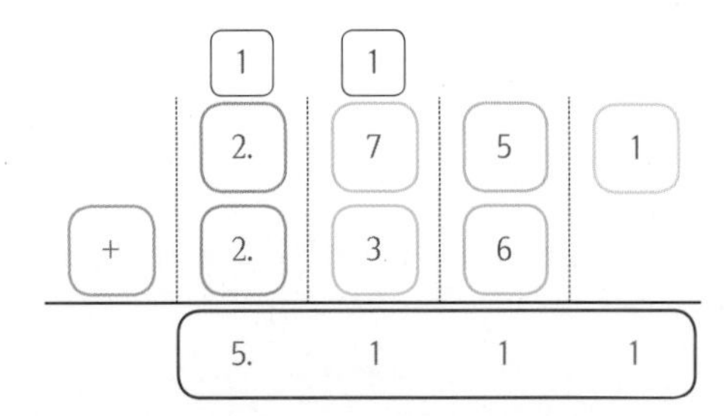

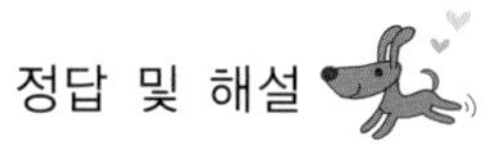

3 2.36, 5.111 + 2.36, 7.471

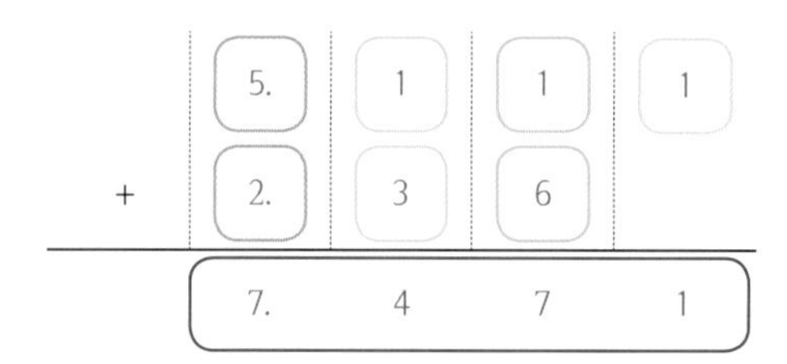

4 2.36 = 2.751, 2.751과 2.36의 합, 2.751 + 2.36 = 5.111, 2.36 = 5.111 + 2.36 = 7.471

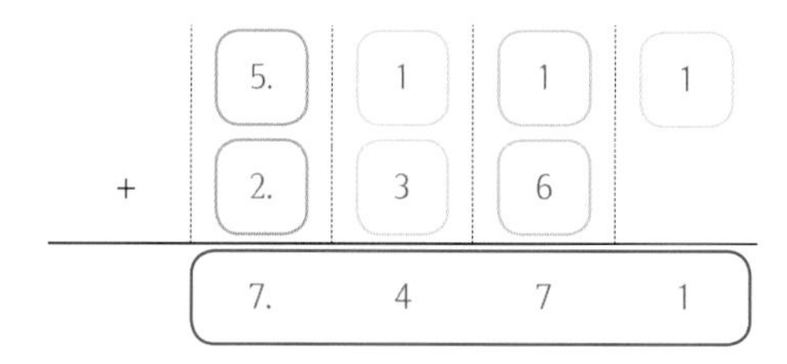

24쪽

도전! 서술형!

1 어떤 수에 1.75를 뺀 값입니다.

2 □ + 1.75 = 5.014이고 어떤 수 □는 5.014와 1.75의 차이므로 □ = 5.014 − 1.75 = 3.264입니다.

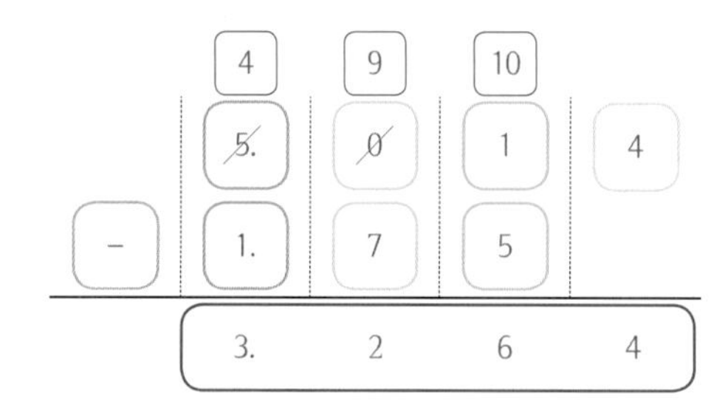

3 □ − 1.75 = 3.264 − 1.75 = 1.514

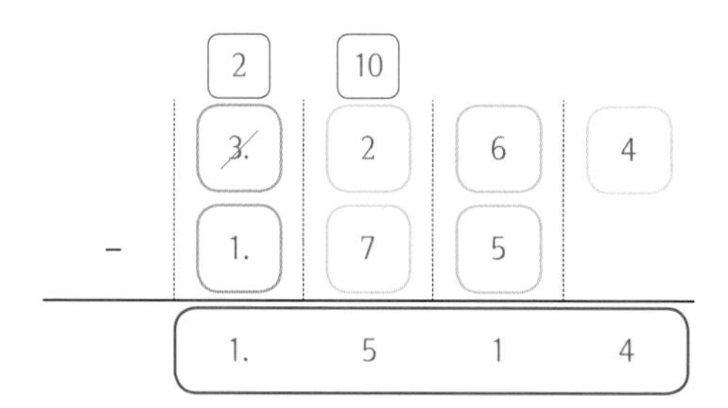

4 □ + 1.75 = 5.014입니다. 어떤 수 □는 5.014와 1.75의 차이므로 □ = 5.014 − 1.75 = 3.264입니다.

□ − 1.75 = 3.264 − 1.75 = 1.514입니다.

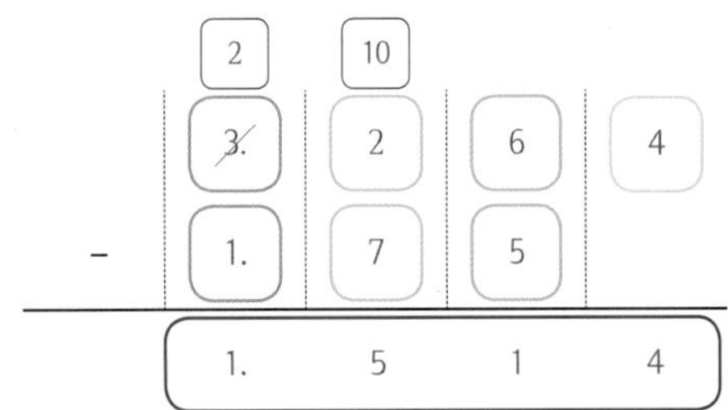

25쪽

실전! 서술형!

어떤 수를 □라고 하면 □ + 4.98 = 10.123입니다. 어떤 수 □는 10.123과 4.98의 차이므로 □ = 10.123 − 4.98 = 5.143입니다. □ − 4.98 = 5.143 − 4.98 = 0.163입니다.

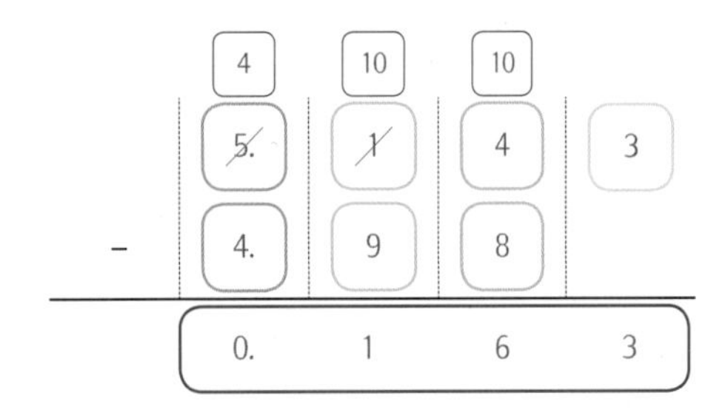

27쪽

첫걸음 가볍게!

1. 소수 첫째 자리
2. 소수 첫째 자리, 같은 자리 수
3. 소수 첫째 자리, 소수 첫째 자리, 같은 자리 수

28쪽

한 걸음 두 걸음!

1. 소수점의 자리
2. 소수점의 자리, 같은 자리 수
3. 소수점의 자리, 소수점의 자리, 같은 자리 수

29쪽

도전! 서술형!

1 소수 첫째 자리에서 받아내림을 하지 않고 계산했습니다.

2 소수 첫째 자리에서 받아내림을 한 뒤에 같은 자리 수끼리 뺄셈을 하여야 합니다.

3 소수 첫째 자리에서 받아내림을 하지 않고 계산했습니다. 소수 첫째 자리에서 받아내림을 한 뒤에 같은 자리 수끼리 뺄셈을 하여야 합니다.

30쪽

실전! 서술형!

소수점의 자리를 잘못 맞추고 계산했습니다. 소수점의 자리를 맞추어 세로로 쓰고 같은 자리 수끼리 덧셈을 하여야 합니다.

자연수 부분과 소수 첫째 자리에서 받아내림을 하지 않고 계산했습니다. 자연수 부분과 소수 첫째 자리에서 받아내림을 한 뒤에 같은 자리 수끼리 뺄셈을 하여야 합니다.

31쪽

Jumping Up! 창의성!

1 자연수 부분에서부터 큰 수를 넣으면 가장 큰 소수 두 자리 수를 만들 수 있으므로 9.84가 가장 큰 소수 두 자리 수가 됩니다.

2 자연수 부분에서부터 작은 수를 넣으면 가장 작은 소수 두 자리 수를 만들 수 있으므로 4.89가 가장 작은 소수 두 자리 수가 됩니다.

3 자연수 부분에서부터 큰 수를 넣으면 가장 큰 소수 두 자리 수를 만들 수 있으므로 9.84가 가장 큰 소수 두 자리 수가 되고, 자연수 부분에서부터 작은 수를 넣으면 가장 작은 소수 두 자리 수를 만들 수 있으므로 4.89가 됩니다. 그러므로 9.84 + 4.89 = 14.73이 됩니다.

32쪽

1 방법 1.

놀이터와 공원까지의 거리에서 자연수 부분이 1로 같기 때문에 소수점 이하의 자리 수를 비교하면 놀이터까지의 거리는 0.001이 826개이고 공원까지의 거리는 0.001이 872개입니다. 그러므로 공원까지의 거리가 더 멉니다.

방법 2.

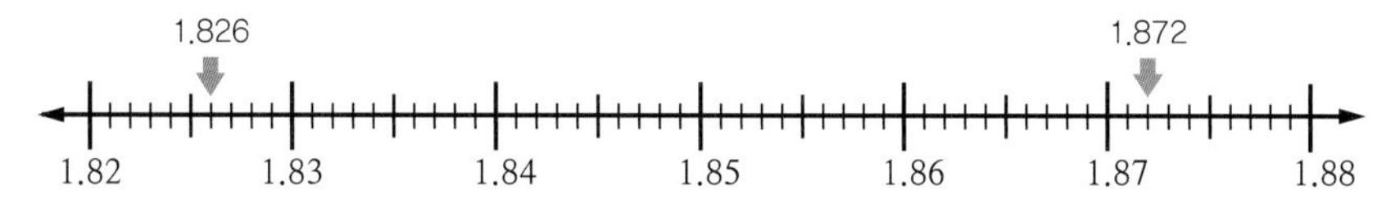

수직선에 나타내었을 때 1.826이 1.872보다 더 작습니다. 그러므로 공원까지의 거리가 더 멉니다.

방법 3.

자리 수	놀이터까지의 거리	공원까지의 거리	비교
	1.826	1.872	
자연수 부분	1	1	자연수 부분은 같습니다.
소수 첫째 자리 수	8	8	소수 첫째 자리 수는 같습니다.
소수 둘째 자리 수	2	7	소수 둘째 자리 수는 1.826이 더 작습니다.

그러므로 공원까지의 거리가 더 멉니다.

방법 4.

1.826과 1.872의 자연수 부분은 1, 소수 첫째 자리 수는 8로 같지만 소수 둘째 자리 수는 1.826이 더 작습니다. 그러므로 공원까지의 거리가 더 멉니다.

2 **방법 1.**

수박을 담은 바구니의 무게는 0.001이 3213개이고 바구니의 무게는 0.001이 340개입니다. 3.213 − 0.34는 0.001이 2873개이므로 2.873kg이 됩니다.

방법 2.

	2	11	10	
	~~3~~.	~~2~~	1	3
−	0.	3	4	
	2.	8	7	3

0.003 − 0 = 0.003

0.11 − 0.04 = 0.07

1.1 − 0.3 = 0.8

2 − 0 = 2

소수점의 자리를 맞추어 세로로 씁니다. 같은 자리 수끼리 빼면 소수 셋째 자리의 수들의 차는 0.003이고 소수 둘째 자리의 수들의 차는 0.07, 소수 첫째 자리의 수들의 차는 0.8, 자연수들의 차는 2입니다. 소수점을 그대로 내려찍으면 2.873이므로 2.873kg입니다.

3 소수 둘째 자리의 차는 0.04 − 0.0△ = 0.03이므로 4 − △ = 3이 됩니다. 그러므로 △안에 들어갈 수는 1입니다. 자연수 부분과 소수 첫째 자리의 차는 5.2 − 1.8 = 3.□이므로 3.4가 됩니다. 그러므로 □안에 들어갈 수는 4입니다. □와 △안에 들어갈 두 수의 합은 1 + 4 = 5입니다.

4 어떤 수를 □라고 하면 □ + 2.76 = 8.041입니다. 어떤 수 □는 8.041과 2.76의 차이므로 □ = 8.041 − 2.76 = 5.281입니다. 바르게 계산하면 5.281 − 2.76 = 2.521입니다.

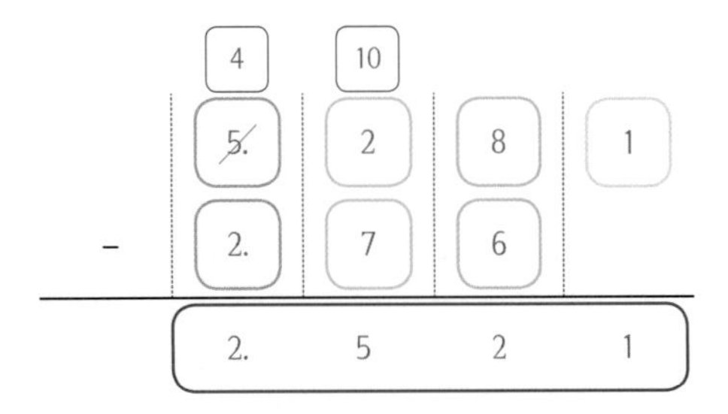

5 소수점의 자리를 잘못 맞추고 계산했습니다. 소수점의 자리를 맞추어 세로로 쓰고 같은 자리 수끼리 덧셈을 하여야 합니다.

2. 수직과 평행

37쪽

첫걸음 가볍게!

1 두 직선, 직각, 수직

2 두 직선, 수직, 수선

3 직선 나, 직선 마

4 직선 나와 직선 마

5 두 직선, 직각, 수직, 두 직선, 수직, 수선 / 직선 나와 직선 마, 수직, 직선 나, 직선 마

38쪽

한 걸음 두 걸음!

1 두 직선, 직각, 수직

2 두 직선, 수직, 수선

3 직선 나, 직선 라, 직선 바, 직선 사

4 직선 나, 직선 라, 직선 바, 직선 사

5 두 직선, 직각, 수직, 두 직선, 수직, 수선 /

직선 나, 직선 라, 직선 바, 직선 사는 서로 수직으로 만나기 때문에 직선 가의 수선은 직선 나, 직선 라, 직선 바, 직선 사입니다.

39쪽

도전! 서술형!

1 두 직선이 이루는 각이 직각일 때, 두 직선은 서로 수직이라고 하고, 두 직선이 서로 수직으로 만나면 한 직선을 다른 직선에 대한 수선이라 합니다.

2 직선 가와 수직인 직선은 직선 나, 직선 다, 직선 라, 직선 마, 직선 바입니다.

3 직선 가의 수선은 직선 나, 직선 다, 직선 라, 직선 마, 직선 바입니다.

4 두 직선이 이루는 각이 직각일 때, 두 직선은 서로 수직이라고 하고, 두 직선이 서로 수직으로 만날 때, 한 직선은 다른 직선에 대한 수선이라고 합니다. 직선 가와 직선 나, 직선 다, 직선 라, 직선 마, 직선 바는 서로 수직으로 만나기 때문에 직선 가의 수선은 직선 나, 직선 다, 직선 라, 직선 마, 직선 바입니다.

40쪽

실전! 서술형!

두 직선이 이루는 각이 직각일 때, 두 직선은 서로 수직이라고 하고, 두 직선이 서로 수직으로 만나면 한 직선을 다른 직선에 대한 수선이라고 합니다. 직선 가와 직선 다, 직선 라, 직선 바는 서로 수직으로 만나기 때문에 직선 가의 수선은 직선 다, 직선 라, 직선 바입니다.

42쪽

첫걸음 가볍게!

1 수선, 수선, 평행선 사이의 거리

2 변 ㄱㄹ, 변 ㄴㄷ

3 변 ㅁㅂ

4 수선, 변 ㅁㅂ, 5cm

5 수선, 수선, 평행선 사이의 거리 /
변 ㄱㄹ, 변 ㄴㄷ, 수선, 변 ㅁㅂ, 5cm

43쪽

한 걸음 두 걸음!

1 수선, 수선, 평행선 사이의 거리

2 변 ㄱㄹ, 변 ㄴㄷ, 변 ㄱㄴ, 변 ㄹㅂ

3 변 ㅇㅅ, 변 ㅁㅂ

4 수선, 변 ㅁㅂ, 6cm

5 수선, 수선, 평행선 사이의 거리 /
변 ㄱㄹ, 변 ㄴㄷ, 변 ㄱㄴ, 변 ㄹㅂ, 수선, 변 ㅁㅂ, 6cm

44쪽

도전! 서술형!

1 평행선의 한 직선에서 다른 직선에 수선을 그었을 때 이 수선의 길이를 평행선 사이의 거리라고 합니다.

2 변 ㄱㄹ과 변 ㄴㄷ, 변 ㄱㄴ, 변 ㄷㄹ은 서로 평행선입니다.

3 변 ㅇㅅ과 변 ㅁㅂ은 평행선 사이의 수선입니다.

4 가장 먼 평행선 사이의 수선은 변 ㅁㅂ이므로 가장 먼 평행선 사이의 거리는 10cm입니다.

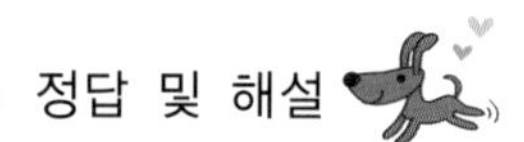

5 평행선의 한 직선에서 다른 직선에 수선을 그었을 때 이 수선의 길이를 평행선 사이의 거리라고 합니다. 평행선은 변 ㄱㄹ과 변 ㄴㄷ, 변 ㄱㄴ과 변 ㄷㄹ이고 가장 먼 평행선 사이의 수선은 변 ㅁㅂ이므로 가장 먼 평행선 사이의 거리는 10㎝입니다.

45쪽

실전! 서술형!

평행선의 한 직선에서 다른 직선에 수선을 그었을 때 이 수선의 길이를 평행선 사이의 거리라고 합니다. 평행선은 변 ㄱㄹ과 변 ㄴㄷ, 변 ㄱㄴ과 변 ㄷㄹ이고 가장 먼 평행선의 수선은 변 ㄱㄹ(변 ㄴㄷ)이므로 가장 먼 평행선 사이의 거리는 12㎝입니다.

47쪽

첫걸음 가볍게!

1 각 ㉠의 크기

2 사각형

3 360°

4 ① 수선, 직선 ㄱㄴ, 90°

② 수선, 선분 ㅅㅂ, 90° − 20° = 70°

③ 선분 ㅅㅁ, 반직선 ㅁㄴ, 180° − 40° = 140°

5 360° − 90° − 70° − 140° = 60°

6 사각형, 360°, 수선, 직선 ㄱㄴ, 90°, 수선, 선분 ㅅㅂ, 90° − 20° = 70°, 선분 ㅅㅁ, 반직선 ㅁㄴ, 180° − 40° = 140°, 360° − 90 − 70° − 140° = 60°

48쪽

한 걸음 두 걸음!

1 각 ㉠의 크기

2 사각형

3 360°

4 ① 수선과 직선 ㄷㄹ이 이루는 각도는 90°

② 수선과 선분 ㅁㅅ이 이루는 각도는 90° − 20° = 70°

③ 선분 ㅅㅂ과 반직선 ㅂㄷ이 이루는 각도는 180° − 60° = 120°

5 360° − 90° − 70° − 120° = 80°

6 사각형을 만들면 모든 각의 합이 360°이고 평행선의 수선과 직선 ㄷㄹ이 이루는 각도는 90°이고, 평행선의 수선과 선분 ㅁㅅ이 이루는

각도는 90° - 20° = 70°이고, 선분 ㅅㅂ과 반직선 ㅂㄷ이 이루는 각도는 180° - 60° = 120°이므로 ㉠ = 360° - 90° - 70° - 120° = 80°입니다.

49쪽 **도전! 서술형!**

1 각 ㉠의 크기

2 사각형

3 360°

4 ① 평행선의 수선과 직선 ㄷㄹ이 이루는 각도는 90°

② 평행선의 수선과 선분 ㅁㅅ이 이루는 각도는 90° - 30° = 60°

③ 선분 ㅅㅂ과 반직선 ㅂㄷ이 이루는 각도는 180° - 70° = 110°

5 ㉠ = 360° - 90° - 60° - 110° = 100°

6 점 ㅁ에서 직선 ㄷㄹ에 수선을 그어 사각형을 만들면 모든 각의 합이 360°이고 평행선의 수선과 직선 ㄷㄹ이 이루는 각도는 90°이고, 평행선의 수선과 선분 ㅁㅅ이 이루는 각도는 90° - 30° = 60°이고, 선분 ㅅㅂ과 반직선 ㅂㄷ이 이루는 각도는 180° - 70° = 110°이므로 ㉠ = 360° - 90° - 60° - 110° = 100°입니다.

50쪽 **실전! 서술형!**

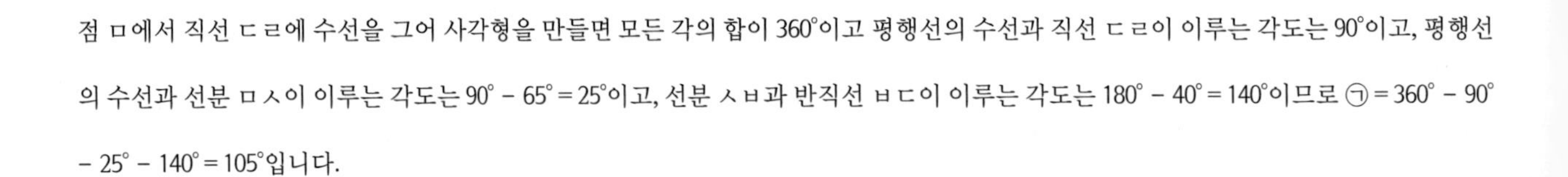

점 ㅁ에서 직선 ㄷㄹ에 수선을 그어 사각형을 만들면 모든 각의 합이 360°이고 평행선의 수선과 직선 ㄷㄹ이 이루는 각도는 90°이고, 평행선의 수선과 선분 ㅁㅅ이 이루는 각도는 90° - 65° = 25°이고, 선분 ㅅㅂ과 반직선 ㅂㄷ이 이루는 각도는 180° - 40° = 140°이므로 ㉠ = 360° - 90° - 25° - 140° = 105°입니다.

52쪽 **첫걸음 가볍게!**

1 각 ㉠의 크기

2 삼각형

3 180°

4 ① 수선, 선분 ㅅㅁ, 90° - 50° = 40°

② 수선, 선분 ㅅㅂ, 120°, 60°

5 180° - 40° - 60° = 80°

6 삼각형, 180°, 수선, 선분 ㅅㅁ, 90° − 50° = 40°, 수선, 선분 ㅅㅂ, 120°, 60°, 180° − 40° − 60° = 80°

53쪽

한 걸음 두 걸음!

1 각 ㉠의 크기

2 삼각형

3 180°

4 ① 수선과 선분 ㅅㅂ이 이루는 각도는 90° − 60° = 30°

② 수선과 선분 ㅅㅁ이 이루는 각도는 180° − 105° = 75°

5 180° − 30° − 75° = 75°

6 삼각형을 만들면 모든 각의 합이 180°이고 평행선의 수선과 선분 ㅅㅂ이 이루는 각도는 90° − 60° = 30°이고, 평행선의 수선과 선분 ㅅㅁ이 이루는 각도는 180° − 105° = 75°이므로 ㉠ = 180° − 30° − 75° = 75°입니다.

54쪽

도전! 서술형!

1 각 ㉠의 크기

2 삼각형

3 180°

4 ① 평행선의 수선과 선분 ㅅㅂ이 이루는 각도는 90° − 45° = 45°

② 평행선의 수선과 선분 ㅅㅁ이 이루는 각도는 180° − 135° = 45°

5 ㉠ = 180° − 45° − 45° = 90°°

6 점 ㅂ에서 직선 ㄱㄴ에 수선을 그어 삼각형을 만들면 모든 각의 합이 180°이고 평행선의 수선과 선분 ㅅㅂ이 이루는 각도는 90° − 45° = 45°이고, 평행선의 수선과 선분 ㅅㅁ이 이루는 각도는 180° − 135° = 45°이므로 ㉠ = 180° − 45° − 45° = 90°입니다.

55쪽

실전! 서술형!

점 ㅂ에서 직선 ㄱㄴ에 수선을 그어 삼각형을 만들면 모든 각의 합이 180°이고 평행선의 수선과 선분 ㅅㅂ이 이루는 각도는 90° − 33° = 57°이고, 평행선의 수선과 선분 ㅅㅁ이 이루는 각도는 180° − 142° = 38°이므로 ㉠ = 180° − 57° − 38° = 85°입니다.

56쪽

Jumping Up! 창의성!

나의 실력은?

57쪽

1 두 직선이 이루는 각이 직각일 때, 두 직선은 서로 수직이라 하고, 두 직선이 서로 수직으로 만나면 한 직선을 다른 직선에 대한 수선이라고 합니다. 직선 가와 직선 다, 직선 라, 직선 마, 직선 바, 직선 사는 서로 수직으로 만나기 때문에 직선 가의 수선은 직선 다, 직선 라, 직선 마, 직선 바, 직선 사입니다.

2 평행선의 한 직선에서 다른 직선에 수선을 그었을 때 이 수선의 길이를 평행선 사이의 거리라고 합니다. 평행선은 변 ㄱㄹ과 변 ㄴㄷ이고 평행선 사이의 수선은 변 ㅁㅂ이므로 평행선 사이의 거리는 5㎝입니다.

3 방법 1)

점 ㅁ에서 직선 ㄷㄹ에 수선을 그어 사각형을 만들면 모든 각의 합이 360°이고 평행선의 수선과 직선 ㄷㄹ이 이루는 각도는 90°이고, 평행선의 수선과 선분 ㅁㅅ이 이루는 각도는 90° − 30° = 60°이고, 선분 ㅅㅂ과 반직선 ㅂㄹ이 이루는 각도는 180° − 60° = 120°이므로 ㉠ = 360° − 90° − 60° − 120° = 90°입니다.

방법 2)

점 ㅂ에서 직선 ㄱㄴ에 수선을 그어 삼각형을 만들면 모든 각의 합이 180°이고 평행선의 수선과 선분 ㅅㅂ이 이루는 각도는 90° − 60° = 30°이고, 평행선의 수선과 선분 ㅅㅁ이 이루는 각도는 180° − 120° = 60°이므로 ㉠ = 180° − 30° − 60° = 90°입니다.

3. 다각형

61쪽

첫걸음 가볍게!

1 두 쌍의 변, 평행, 사각형

2 가, 다, 라, 마

3 다, 라

4 다와 라, 두 쌍의 변, 평행, 사각형

62쪽

한 걸음 두 걸음!

1 마주 보는 한 쌍의 변이 서로 평행한 사각형을 말합니다.

2 가, 나, 다, 라, 마, 바

3 가, 나, 다, 마

4 가, 나, 다, 마 도형입니다. / 마주 보는 한 쌍의 변이 서로 평행한 사각형이기 때문입니다.

63쪽

도전! 서술형!

1 평행사변형은 마주 보는 두 쌍의 변이 서로 평행한 사각형을 말합니다.

2 두 쌍의 변이 평행한 도형은 나, 다, 라, 마, 바, 사, 아

3 사각형인 도형은 나, 다, 바

4 나, 다, 바 도형입니다, 마주 보는 두 쌍의 변이 서로 평행한 사각형이기 때문입니다.

64쪽

실전! 서술형!

1 사다리꼴은 가, 다, 라, 마, 아 도형입니다. 왜냐하면 마주 보는 한 쌍의 변이 서로 평행한 사각형이기 때문입니다.

2 평행사변형은 다, 마, 아 도형입니다. 왜냐하면 마주 보는 두 쌍의 변이 서로 평행한 사각형이기 때문입니다.

66쪽

첫걸음 가볍게!

1 ① 변의 길이, ② 각의 크기 ③ 선분, 다각형

2

가 도형	나 도형	다 도형	라 도형
O	X	O	O
O	X	X	O
O	O	O	O

3 가와 라

4 가와 라, 변의 길이, 각의 크기, 다각형

67쪽

한 걸음 두 걸음!

1 ① 변의 길이가 모두 같습니다. ② 각의 크기가 모두 같습니다. ③ 선분으로만 둘러싸인 다각형입니다.

2

	가 도형	나 도형	다 도형	라 도형
변의 길이가 모두 같은가?	X	X	O	O
각의 크기가 모두 같은가?	X	각이 아닌 곳 있음	O	O
다각형인가?	O	X	O	O

3 다와 라입니다.

4 정다각형은 다와 라 도형입니다. 왜냐하면 변의 길이가 모두 같고, 각의 크기가 모두 같은 다각형이기 때문입니다

68쪽

도전! 서술형!

1 ① 정다각형은 변의 길이가 모두 같습니다. ② 정다각형은 각의 크기가 모두 같습니다. ③ 정다각형은 선분으로만 둘러싸인 다각형입니다.

2

	가 도형	나 도형	다 도형	라 도형
변의 길이가 모두 같은가?	O	O	변이 없음	O
각의 크기가 모두 같은가?	X	O	각이 없음	X
다각형인가?	O	O	X	O

3 가와 다와 라입니다.

4 가와 다와 라 도형입니다. 왜냐하면 가 도형은 변의 길이가 모두 같지 않고, 다 도형은 다각형이 아니고, 라 도형은 각의 크기가 모두 같지 않기 때문입니다.

69쪽

실전! 서술형!

1 정다각형은 다 도형입니다. 왜냐하면 변의 길이가 모두 같고 각의 크기가 모두 같은 다각형이기 때문입니다

2 정다각형이 아닌 도형은 가와 나와 라 도형입니다. 가 도형은 각의 크기가 모두 같지 않고, 나 도형은 다각형이 아니고, 라 도형은 각의 크기가 모두 같지 않기 때문입니다

71쪽

첫걸음 가볍게!

1 한 대각선, 다른 대각선, 이등분, 선분 ㄴㅁ, 20cm, 2, 10cm

2 한 대각선, 다른 대각선, 이등분, 선분 ㄱㅁ, 16cm, 2, 8cm

3 6cm, 10cm, 8cm, 24cm

4 한 대각선, 다른 대각선, 이등분, 선분 ㄴㅁ, 20cm, 2, 10cm, 선분 ㄱㅁ, 16cm, 2, 8cm, 6cm, 10cm, 8cm, 24cm

72쪽

한 걸음 두 걸음!

1 같기, 40cm, 4, 10cm

2 한 대각선이 다른 대각선을 이등분, 선분 ㄷㅁ = 12cm ÷ 2 = 6cm

3 한 대각선이 다른 대각선을 이등분, 선분 ㄹㅁ = 16cm ÷ 2 = 8cm

4 10cm + 6cm + 8cm = 24cm

5 40cm ÷ 4 = 10cm, 한 대각선이 다른 대각선을 이등분, 선분 ㄷㅁ = 12cm ÷ 2 = 6cm, 선분 ㄹㅁ = 16cm ÷ 2 = 8cm, 10cm + 6cm + 8cm = 24cm

73쪽

도전! 서술형!

1 같으므로, 같습니다

2 한 대각선이 다른 대각선을 이등분, 선분 ㄱㅁ = 10cm ÷ 2 = 5cm

3 한 대각선이 다른 대각선을 이등분, 선분 ㄹㅁ = 10cm ÷ 2 = 5cm

4 선분 ㄴㄷ + 선분 ㄷㅁ + 선분 ㄴㅁ = 8cm + 5cm + 5cm = 18cm

5 직사각형의 두 대각선의 길이는 같으므로, 선분 ㄱㄷ과 선분 ㄴㄹ의 길이는 같습니다. 그리고 직사각형은 한 대각선이 다른 대각선을 이등분하므로 선분 ㄷㅁ = 선분 ㄱㅁ = 10cm ÷ 2 = 5cm이고, 선분 ㄴㅁ = 선분 ㄹㅁ = 10cm ÷ 2 = 5cm입니다. 그러므로 삼각형 ㄴㄷㅁ의 세 변의 길이의 합은 8cm + 5cm + 5cm = 18cm입니다.

74쪽 

실전! 서술형!

마름모는 네 변의 길이가 모두 같으므로 변 ㄱㄴ = 52cm ÷ 4 = 13cm입니다.

마름모는 한 대각선이 다른 대각선을 이등분하므로 선분 ㄱㅁ = 선분 ㄷㅁ = 10cm ÷ 2 = 5cm이고, 선분 ㄴㅁ = 선분 ㄹㅁ = 24cm ÷ 2 = 12cm입니다.

그러므로 삼각형 ㄱㄴㅁ의 세 변의 길이의 합은 13cm + 5cm + 12cm = 30cm입니다.

76쪽 

Jumping Up! 창의성!

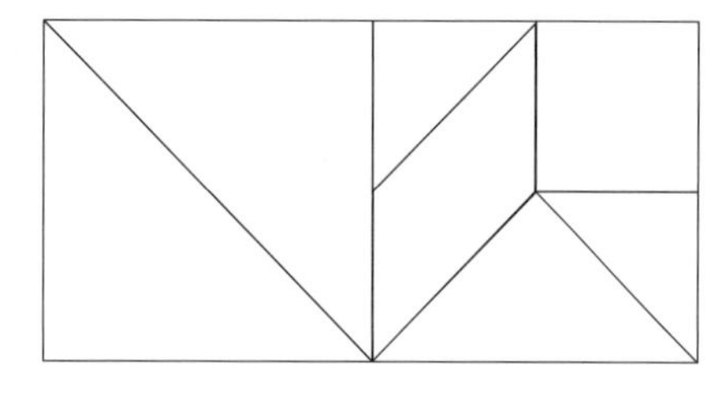

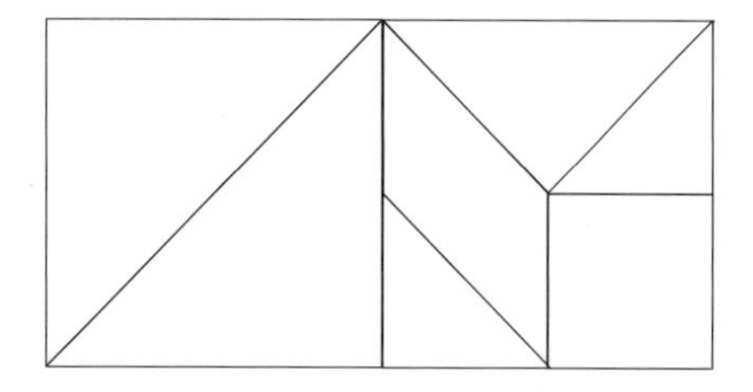

77쪽 

나의 실력은?

1 사다리꼴은 다와 라 도형입니다. 왜냐하면 마주 보는 한 쌍의 변이 서로 평행한 사각형이기 때문입니다.

2 정다각형이 아닌 도형은 나와 다와 마 도형입니다. 나와 다 도형은 각의 크기가 모두 같지 않고, 마 도형은 다각형이 아니기 때문입니다.

3 평행사변형은 한 대각선이 다른 대각선을 이등분하므로 선분 ㄷㅁ = 선분 ㄱㅁ = 20cm ÷ 2 = 10cm이고, 선분 ㄹㅁ = 선분 ㄴㅁ = 28cm ÷ 2 = 14cm입니다. 그러므로 삼각형 ㄷㄹㅁ의 세 변의 길이의 합은 10cm + 10cm + 14cm = 34cm입니다.

4. 어림하기

80쪽

개념 쏙쏙!

3 5

81쪽

첫걸음 가볍게!

1 ① 큰 ② 작은 ③ 20보다 크고 35보다 작은

2 18 19 20 21 22 23 24 25 26 27 28 29 30 31 32 33 34 35 36

3 20보다 크고 35보다 작은, 러시아. 미국, 2

82쪽

한 걸음 두 걸음!

1 95보다 큰 수입니다. 진우입니다.

2 85보다 크고 95보다 작거나 같은 수입니다. 기범, 태민입니다.

3 3

83쪽

도전! 서술형!

1 지은이는 3점, 영진이는 12점, 신영이는 6점, 남준이는 14점, 창대는 5점이 올랐습니다.

2 최우수상은 영진이와 남준이가 받을 수 있으므로 2명입니다. 우수상은 신영이와 창대가 받을 수 있으므로 2명입니다. 장려상은 지은이가 받을 수 있으므로 1명입니다.

84쪽

실전! 서술형!

아버지가 탈 수 있는 놀이 기구는 청룡열차, 바이킹, 하늘 자전거, 회전목마입니다. 어머니가 탈 수 있는 놀이 기구는 청룡열차, 바이킹, 하늘 자전거, 회전목마입니다. 민우가 탈 수 있는 놀이 기구는 청룡열차, 바이킹, 하늘 자전거, 회전목마입니다. 동생이 탈 수 있는 놀이 기구는 하늘 자전거, 회전목마, 꼬마 비행기입니다. 따라서 민우네 가족이 모두 탈 수 있는 놀이 기구는 하늘 자전거, 회전목마입니다.

84쪽 

2 ① 180, ② 225

3 181, 225

86쪽 

1 많고, 적거나 같습니다

2 ① $80 \times 5 = 400$ ② $80 \times 6 = 480$

3 많고, 적거나 같습니다, 400, 481

87쪽 

1 버스 5대에 탈 수 있는 학생 수보다 많고 버스 6대에 탈 수 있는 학생 수보다 적거나 같습니다.

2 ① $12 \times 5 = 60$(명)입니다. ② $12 \times 6 = 72$(명)입니다.

3 61명 이상 73명 미만입니다.

88쪽 

1 4학년 학생 수는 12번에 나누어서 타는 학생 수보다 많고 13번에 나누어서 타는 학생 수보다 적거나 같습니다.

2 바이킹을 12번에 나누어서 탈 수 있는 학생 수는 $24 \times 12 = 288$(명)이고, 13번에 나누어서 탈 수 있는 학생 수는 $24 \times 13 = 312$(명)입니다.

3 4학년 학생 수의 범위는 287명 초과 312명 이하입니다.

89쪽 

우진이네 학교 4학년 학생 수는 16명씩 5반인 수보다 많고 25명씩 5반인 수보다 적거나 같습니다.

각 반의 학생이 모두 16명이면 $16 \times 5 = 80$(명)이고, 각 반의 학생이 25명이면 4학년 학생은 $25 \times 5 = 125$(명)입니다.

따라서 민수네 학교 4학년 학생은 81명 이상 125명 이하입니다.

90쪽 **개념 쏙쏙!** 

3 311, 320

91쪽 **첫걸음 가볍게!** 

1 0, 1, 2, 3, 4, 5, 6, 7, 8, 9

2 465, 466, 467, 468, 469

3 470, 471, 472, 473, 474

4 465, 466, 467, 468, 469, 470, 471, 472, 473, 474, 465, 474

92쪽 **한 걸음 두 걸음!** 

1 0, 버려서

2 520, 521, 522, 523, 524, 525, 526, 527, 528, 529입니다.

3 520 이상 529 이하입니다.

93쪽 **도전! 서술형!** 

1 일의 자리에서 올림하여 650이 되는 자연수는 641, 642, 643, 644, 645, 646, 647, 648, 649, 650입니다.

2 처음의 수가 될 수 있는 자연수의 범위는 641 이상 650 이하입니다.

94쪽 **실전! 서술형!** 

1 일의 자리에서 반올림하여 820이 되는 자연수는 815, 816, 817, 818, 819, 820, 821, 822, 823, 824입니다. 따라서 처음의 수가 될 수 있는 자연수의 범위는 815 이상 824 이하입니다.

2 일의 자리에서 버림하여 470이 되는 자연수는 470, 471, 472, 473, 474, 475, 476, 477, 478, 479입니다. 따라서 처음의 수가 될 수 있는 자연수의 범위는 470 이상 479 이하입니다.

95쪽 

1 버림, 백, 2400, 2400

96쪽 

1 1000, 올림, 천

2 ① 올림, 천, 5000 ② 5000, 250, 250

3 1000, 올림, 천, 5000, 5000, 250

97쪽 

1 버림, 백, 상자 한 개를 포장하는 데 1m가 필요하고, 1m = 100cm이기 때문입니다.

2 버림하여 백의 자리까지 나타내면 900입니다. 9개를 포장할 수 있습니다.

98쪽 

1 버림하여 천의 자리까지 나타내어야 합니다. 그 이유는 1000원짜리 지폐로 바꾸어야 하기 때문입니다.

2 12650을 버림하여 천의 자리까지 나타내면 12000입니다. 따라서 1000원짜리 지폐로 12000원까지 바꿀 수 있습니다.

99쪽 

공책을 10권씩 묶음으로 판매하므로 올림하여 십의 자리까지 나타내어야 합니다. 324명에게 2권씩 나누어 주어야 하므로 $324 \times 2 = 648$(권)입니다. 648을 올림하여 십의 자리까지 나타내면 650입니다. 따라서 공책을 적어도 650권을 사야 합니다.

100쪽 

① 73 초과 ㉠ 미만인 수에 속하는 자연수가 4개 있으므로 74, 75, 76, 77입니다. ㉠은 78입니다.

② 42 이상 ㉡ 이하인 수에 속하는 자연수가 4개 있으므로 42, 43, 44, 45입니다. ㉡ 은 45입니다.

따라서 ㉠ + ㉡ = 78 + 45 = 123입니다.

101쪽

1 택배의 무게는 민수가 가져온 물건의 무게와 물건을 넣을 상자의 무게를 합한 것입니다. 택배의 무게는 4.8 + 0.5 = 5.3(kg)입니다. 따라서 5.3kg은 5kg 이상 10kg 미만에 해당하므로 요금은 5000원입니다.

2 4학년 학생 수는 버스 6대에 탈 수 있는 학생 수보다 많고, 버스 7대에 탈 수 있는 학생 수보다 적거나 같습니다.

버스 6대에 탈 수 있는 학생 수는 42 × 6 = 252(명)이고, 버스 7대에 탈 수 있는 학생 수는 42 × 7 = 294(명)입니다.

따라서 소정이네 학교 4학년 학생 수의 범위는 253명 이상 294명 이하입니다.

3 일의 자리에서 반올림하여 670이 되는 자연수는 665, 666, 667, 668, 669, 670, 671, 672, 673, 674입니다. 따라서 처음의 수가 될 수 있는 자연수의 범위는 665 이상 674 이하입니다.

4 고구마를 트럭 1대에 100상자씩 실을 수 있으므로 올림하여 백의 자리까지 나타내어야 합니다. 289를 올림하여 백의 자리까지 나타내면 300입니다. 따라서 트럭은 3대가 필요합니다.

5. 꺾은선그래프

104쪽 **개념 쏙쏙!**

2 ① 22, 24, 28, 36 ② 3, 4 ③ 14

106쪽 **첫걸음 가볍게!**

1 ① 20, 32, 56, 64, 68 ② 기울기, 2000, 2004 ③ 48 ④ 26

2 늘어날, 늘어나고

107쪽 **한 걸음 두 걸음!**

1 ① 오후 1시 온도는 14℃, 오후 2시 온도는 16℃, 오후 3시 온도는 15℃, 오후 4시 온도는 13℃입니다.

② 오후 2시와 오후 3시 사이입니다.

③ 3℃입니다.

④ 약 15℃입니다.

⑤ 올라갔다가 내려오고 있습니다.

2 더 내려갈 것입니다. 오후 2시부터 4시까지 온도가 계속 내려가고 있기 때문입니다.

108쪽 **도전! 서술형!**

1 강낭콩 싹의 키는 1일은 2㎝, 7일은 5㎝, 13일은 6㎝, 19일은 10㎝, 25일은 12㎝입니다. 키의 변화가 가장 큰 구간은 13일과 19일 사이이고, 가장 작은 구간은 7일과 13일 사이입니다. 1일과 25일 강낭콩 키 차이는 10㎝입니다. 22일 강낭콩 싹의 키는 약 11㎝입니다. 등

2 강낭콩 싹의 키는 더 커질 것이라고 예상합니다. 그 이유는 1일에서 25일까지 시간이 지날수록 키가 꾸준히 크고 있기 때문입니다.

109쪽 **실전! 서술형!**

※ 그래프를 보고 알 수 있는 점 3가지를 쓰면 됩니다.

우리나라 사람들의 기대 수명은 1970년에는 62세, 1980년에는 64세, 1990년에는 72세, 2000년에는 78세, 2010년에는 80세입니다. 기대 수명의 변화가 가장 큰 구간은 1980년과 1990년 사이이고, 가장 작은 구간은 1970년과 1980년, 2000년과 2010년 사이입니다. 1985년의 기대 수명은 약 68세입니다. 1970년과 2010년 기대 수명의 차이는 18세입니다. 2010년 이후의 기대 수명은 더 높아질 것이라고 예상합니다. 그 이유는 1970년에서 2010년까지 시간이 지날수록 기대 수명이 꾸준히 높아지고 있기 때문입니다. 등

110쪽

개념 쏙쏙!

2

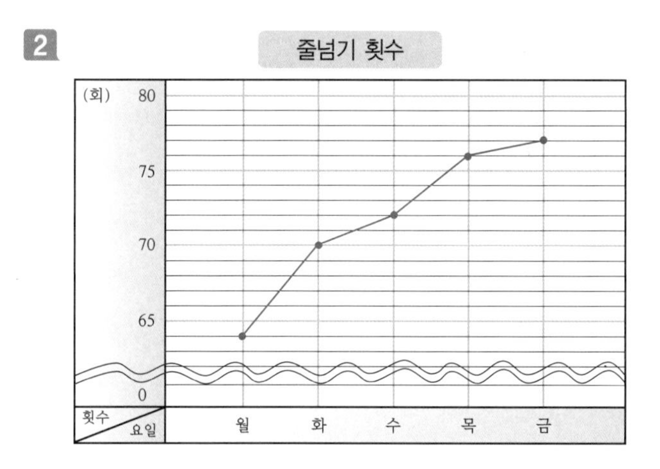

111쪽

첫걸음 가볍게!

1 448, 468, 448켤레 밑 부분, 물결선

2

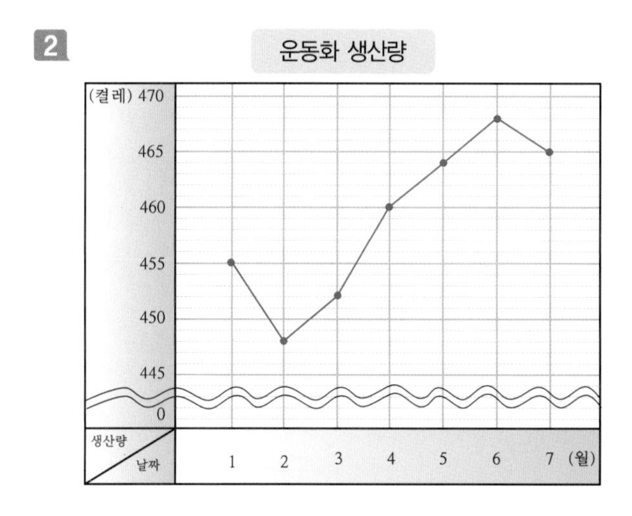

112쪽

한 걸음 두 걸음!

1 200타 밑 부분까지를 물결선으로 생략하여 꺾은선그래프를 그립니다.

2

수연의 타수

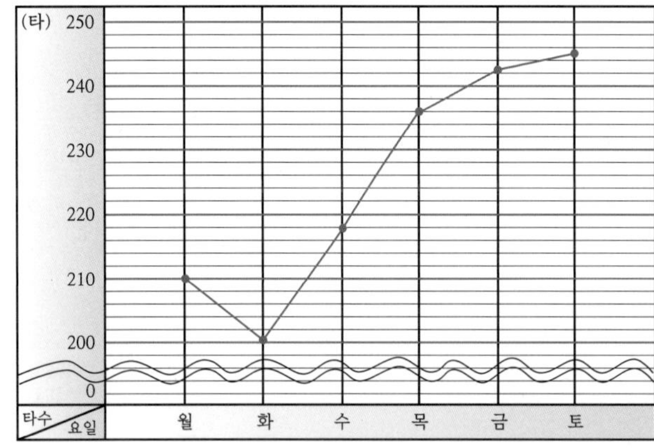

113쪽

도전! 서술형!

1 필요 없는 부분인 52송이 밑 부분까지를 물결선으로 생략하여 꺾은선그래프를 그립니다.

2

바나나 판매량

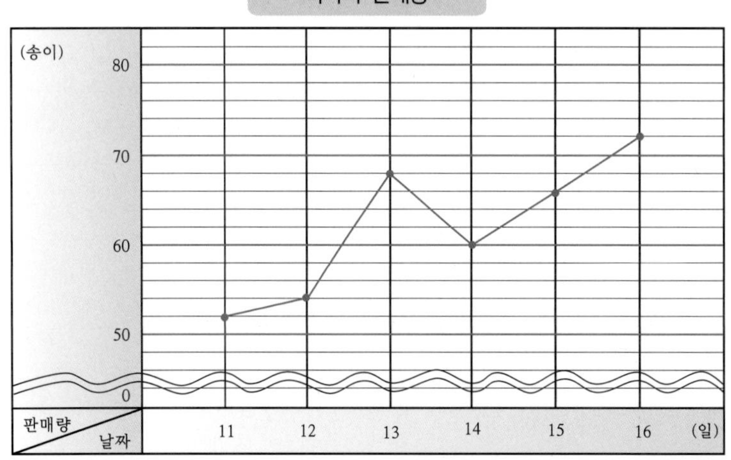

114쪽

실전! 서술형!

시간대별 체온의 변화를 뚜렷하게 알 수 있도록 필요 없는 부분인 37.0℃ 밑 부분까지를 물결선으로 생략하여 꺾은선그래프를 그립니다.

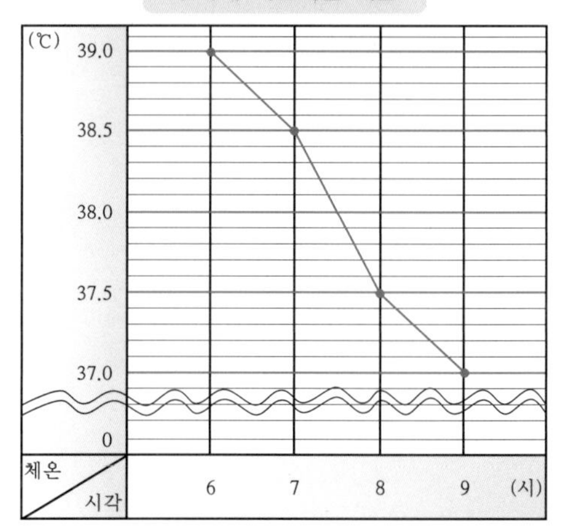

116쪽 **첫걸음 가볍게!**

1 ① 막대그래프 ② 꺾은선그래프

2 막대그래프, 반별 학급 문고 수를 비교

117쪽 **한 걸음 두 걸음!**

1 ① 항목의 크기를 비교하기 좋습니다. ② 시간에 따른 연속적인 변화를 알아보기 좋습니다.

2 꺾은선그래프로 나타내는 것이 좋습니다. 매년 윤수네 마을의 4학년 학생 수의 변화를 알 수 있기 때문입니다.

막대그래프로 나타내는 것이 좋습니다. 반별 안경을 쓴 학생 수를 비교할 수 있기 때문입니다.

118쪽 **도전! 서술형!**

1 막대그래프로 나타내기에 좋은 자료는 ㉠입니다. 그 이유는 마을의 가구별 쌀 생산량을 비교할 수 있기 때문입니다.

2 꺾은선그래프로 나타내기에 좋은 자료는 ㉡과 ㉢입니다. 그 이유는 월별 지은이네 아파트의 음식물쓰레기 양의 변화와 지난 한 해 동안 재영이 몸무게의 변화를 알 수 있기 때문입니다.

119쪽 **실전! 서술형!**

아파트 동별 주민 수는 막대그래프로 나타내면 좋습니다. 그 이유는 아파트 동별 주민 수를 비교할 수 있기 때문입니다.

월별 수학 단원 평가 점수는 꺾은선그래프로 나타내면 좋습니다. 그 이유는 월별 수학 단원 평가 점수의 변화를 알 수 있기 때문입니다.

120쪽

1 아이스크림 판매량은 1월에는 1600개, 2월에는 1700개, 3월에는 1900개, 4월에는 2200개, 5월에는 2300개, 6월에는 2700개입니다. 아이스크림 판매량은 6월이 가장 많고 1월이 가장 적습니다. 판매량의 변화가 가장 큰 구간은 5월과 6월 사이이고, 가장 작은 구간은 1월과 2월 사이입니다. 6월 이후의 판매량은 더 많아질 것이라고 예상합니다. 그 이유는 1월에서 6월까지 시간이 지날수록 아이스크림 판매량이 많아지고 있기 때문입니다. 등

2 식물의 키의 변화를 뚜렷하게 알 수 있도록 필요 없는 부분인 24㎝ 밑 부분까지를 물결선으로 생략하여 꺾은선그래프를 그립니다.

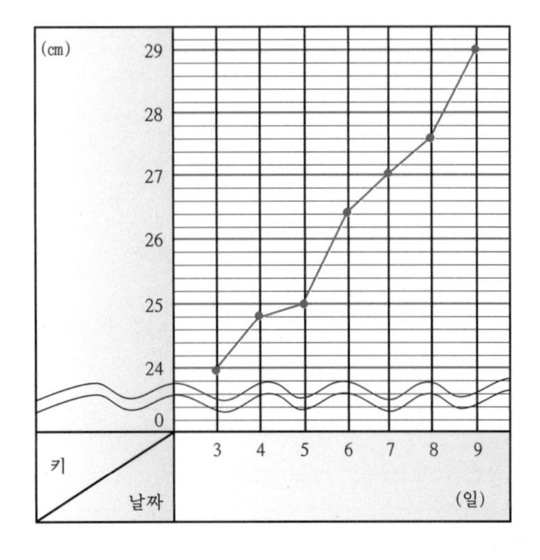

3 월별 강수량은 꺾은선그래프로 나타내면 좋습니다. 그 이유는 시간대별 강수량의 변화를 알 수 있기 때문입니다.

도시별 자동차수는 막대그래프로 나타내면 좋습니다. 그 이유는 도시별 자동차 수를 비교할 수 있기 때문입니다.

6. 규칙과 대응

124쪽

1

달걀판의 수	1	2	3	4	5
달걀의 수	6	12	18	24	30

125쪽

1

색 테이프 자른 횟수	1	2	3	4
색 테이프 도막 수	2	3	4	5

2 ① 1 ② 1

3

색 테이프 자른 횟수	1	2	3	4
색 테이프 도막 수	2	3	4	5

1 큽니다.

126쪽

1

케이블카 수	1	2	3	4
탈 수 있는 사람 수	8	16	24	32

2 ① 탈 수 있는 사람 수는 8명씩 늘어납니다. ② 케이블카 수의 8배입니다.

③ 탈 수 있는 사람 수를 8로 나눈 몫입니다.

127쪽

1

서울의 시각	낮 12시	오후 2시	오후 3시	오후 4시	오후 6시
방콕의 시각	오전 10시	낮 12시	오후 1시	오후 2시	오후 4시

2 서울은 방콕보다 2시간 빠릅니다. 방콕은 서울보다 2시간 늦습니다.

서울과 방콕은 2시간 차이가 납니다.

128쪽

실전! 서술형!

문어 수	1	2	3	4	5
문어 다리 수	8	16	24	32	40

문어 수가 한 마리씩 늘어날 때마다 문어 다리 수는 8개씩 늘어납니다.

문어 다리 수는 문어 수의 8배입니다.

문어 수는 문어 다리 수를 8로 나눈 몫입니다.

129쪽

개념 쏙쏙!

1

혜지의 나이	11	12	13	14	……	24
오빠의 나이	15	16	17	18	……	?

130쪽

첫걸음 가볍게!

1

탁자 수	1	2	3	4	5
방석 수	4	8	12	16	20

2 방법 1 4, 4, 32 방법 2 4, 4, 32

3 (방석 수) = (탁자 수) × 4, 32

131쪽

한 걸음 두 걸음!

1

연필 타 수	1	2	3	4	5
연필 자루 수	12	24	36	48	60

2 (연필 자루 수) = (연필 타 수) × 12입니다. (또는 (연필 타 수) = (연필 자루 수) ÷ 12입니다), 96

132쪽

도전! 서술형!

1

세발자전거 수	1	2	3	4	5
세발자전거 바퀴 수	3	6	9	12	15

2 (세발자전거 바퀴 수) = (세발자전거 수) × 3입니다. 따라서 세발자전거 15대의 바퀴 수는 15 × 3 = 45(개)입니다.

(또는 (세발자전거 수) = (세발자전거 바퀴 수) ÷ 3, 15 = (세발자전거 바퀴 수) ÷ 3, 따라서 세발자전거 바퀴 수는 15 × 3 = 45(개)입니다.)

133쪽

실전! 서술형!

두 수 사이의 대응관계를 표를 만들어 알아보면

직각삼각형 수	1	2	3	4	5
성냥개비 수	3	5	7	9	11

입니다.

두 수 사이의 대응관계를 식으로 나타내면 (성냥개비 수) = (직각삼각형 수) × 2 + 1입니다. 따라서 직각삼각형 8개를 만드는 데 필요한 성냥개비 수는 8 × 2 + 1 = 17(개)입니다.

134쪽

Jumping Up! 창의성!

1 16, 20, 24

2 ◇ = ◎ × 4

3 10번째에 놓을 바둑돌의 개수는 10 × 4 = 40(개)입니다.

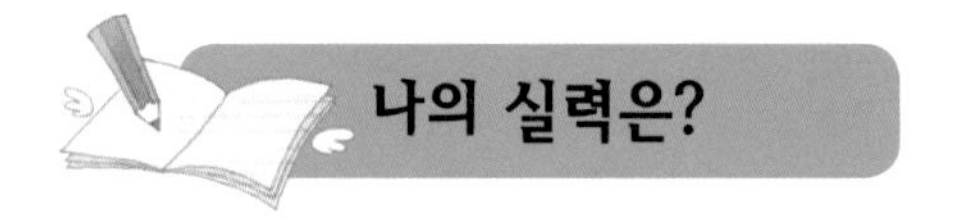

나의 실력은?

135쪽

1

묶음 수	1	2	3	4	5
색종이 수	6	12	18	24	30

묶음 수가 한 묶음씩 늘어날 때마다 색종이 수는 6장씩 늘어납니다.

색종이 수는 묶음 수의 6배입니다.

묶음 수는 색종이 수를 6으로 나눈 몫입니다.

2 두 수 사이의 대응관계를 표를 만들어 알아보면

식탁 수	1	2	3	4	5
의자 수	4	6	8	10	12

입니다.

두 수 사이의 대응관계를 식으로 나타내면 (의자 수) = (식탁 수) × 2 + 2입니다.

따라서 식탁 10개를 한 줄로 이을 때 필요한 의자 수는 10 × 2 + 2 = 22(개)입니다.

저자약력

김진호

미국 컬럼비아대학교 사범대학 수학교육과
교육학박사
2007 개정 교육과정 초등수학과 집필
2009 개정 교육과정 초등수학과 집필
한국수학교육학회 학술이사
대구교육대학교 수학교육과 교수
Mathematics education in Korea Vol.1
Mathematics education in Korea Vol.2
구두스토리텔링과 수학교수법
수학교사 지식
영재성계발 종합사고력 영재수학 수준1, 수준2, 수준3, 수준4, 수준5, 수준6
질적연구 및 평가 방법론

이응석

대구교육대학교 초등수학교육 석사
구미해마루초등학교 근무

지채영

대구교육대학교 대학원 초등수학교육 수료
대구태현초등학교 근무

여승현

한국교원대 대학원 수학교육 석사
대구동곡초등학교 근무
미국 미주리주립대학교 수학교육 박사 재학 중
영재성계발 종합사고력 영재수학 수준6
EBS 만점왕 평가문제집 수학 4-2
EBS 초등 창의 융합 스마트 수학 UP1권

완전타파
과정 중심 서술형 문제 4학년 2학기

2018년 1월 25일 1판 1쇄 인쇄
2018년 1월 30일 1판 1쇄 발행

공저자 : 김진호 · 이응석 지채영 · 여승현
발행인 : 한 정 주
발행처 : 교육과학사

공저자와 협의하에 인지생략

경기도 파주시 광인사길 71
전화(031)955-6956~8/팩스(031)955-6037
Home-page : www.kyoyookbook.co.kr
E-mail : kyoyook@chol.com
등록: 1970년 5월 18일 제2-73호

낙장 · 파본은 교환해 드립니다.
Printed in Korea.

정가 14,000원
ISBN 978-89-254-1222-1
ISBN 978-89-254-1119-4(세트)